미적분으로 바라본 하루

미적분으로 바라본 하루

일상 속 어디에나 있는 수학 찾기

초판 1쇄 2015년 1월 27일
19쇄 2024년 7월 16일

지은이 오스카 E. 페르난데스
옮긴이 김수환
발행인 최홍석

발행처 (주)프리렉
출판신고 2000년 3월 7일 제 13-634호
주소 경기도 부천시 원미구 길주로 77번길 19 세진프라자 201호
전화 032-326-7282(代) **팩스** 032-326-5866
URL www.freelec.co.kr

편집 강신원
디자인 이대범

ISBN 978-89-6540-091-2

미적분으로 바라본 하루

오스카 E. 페르난데스 지음
김수환 옮김

일상 속 어디에나 있는 수학 찾기

프리렉

들어가며

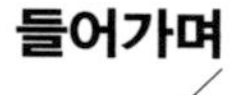

1600년대 후반, 당시 최고의 수학자들이 미적분학을 연구하기 시작하면서 세계의 많은 사람들이 이런 의문을 가졌습니다. “도대체 이걸 어디에 사용할까?”

이 글을 읽고 있는 여러분도 아마 이 질문의 답이 궁금할 것입니다. 저 또한 미적분학을 처음 배울 때 같은 생각을 했으니까요. “공학자들이 X를 개발하면서 미적분을 사용했다.”라는 대답은 사실이지만 앞선 질문에 대한 답이라고 보기는 어렵습니다. 이 책에서는 이 질문에 대해 여러 가지 매우 다른 방법을 통해 답하고, 숨은 채로 우리가 사는 세상을 형성하는 수학들, 특히나 미적분을 찾아낼 것입니다.

미리 귀띔하자면 제 인생에서 일상의 하루를 통해 이 답을 찾아보려고 합니다. “일상의 하루라고? 당신은 수학자잖아! 어떻게 일상적이라는 거야?”라고 물을 수 있지만, 제 하루도 다른 사람들과 다르지 않게 그냥 평범하다는 걸 알게 될 것입니다. 저도 종종 아침에 일어나 잠에서 깨어나지 못할 때가 있고, 출근하면서 교통 체증에 걸려 몇 분이 몇 시간처럼 느껴지는 시간을 보내기도 하고, 무엇을 먹을지 어디에서 먹을지 고민하기도 하고, 돈에 대해서 고민하기도 합니다. 우리는 이런 일상적인 사건들에 대해서 별로 관심을 두지 않지만, 이 책에서는 이 일상 속의 허울에 숨겨진 수학 DNA를 찾아보려고 합니다.

미적분학을 통해 사람의 혈관이 특정한 각도를 유지하면서 나뉘는 이유를 설명하고(5장), 왜 공중으로 던진 모든 물체가 포물선을 그리는지도 설명할 것입니다(1장). 이 책은 시간 여행을 할 수 있다는 것과(3장) 우주가 팽창하고 있다는 것을 증명하면서(7장), 우리가 알고 있는 시간과 공간에 대해서 다시 생각해 볼 수 있게 만들 것입니다. 또한, 미적분을 통해 어떻게 더 잠을 푹 자는지 배우고(1장), 연료를 아끼는 방법도 배우며(5장), 영화관에서 가장 좋은 좌석을 찾는 법도 배울 수 있습니다(7장).

만약 한 번이라도 미적분이 어떻게 사용되는지 궁금했다면, 이 책을 읽은 뒤에는 미적분이 사용되지 않은 걸 찾는 게 오히려 더 어렵게 될 것입니다. 이 책에서는 여러 공식을 통해 미적분이 적용되는 걸 설명하고 미적분에 대한 수학적 이해를 쌓게 돕습니다. 하지만 수학을 못한다고 해서 걱정할 필요는 없습니다. 이 책은 수학을 이해하지 못하더라도 재미있습니다. 하지만 수학에 대해 궁금하다면 부록 A에서 함수와 그래프를 되새기는 간략한 설명을 볼 수 있고, 부록 1~7에는 책에서 설명한 계산 과정을 설명해 두었습니다.[부록 1] 이 기호를 본다면 부록에 설명이 있다는 뜻입니다. 또한, 중간중간 로마숫자로 된 각주를 통해 부연 설명을 해두었습니다(더불어 아라비아 숫자는 책 끝에 참고문헌이 있다는 뜻입니다).

자 마지막으로, 다음 페이지에서는 각 장에서 다루는 수학 내용을 설명하고 있습니다. 미적분을 배우지 않은 사람이나, 이제 배우려는 사람이나, 혹은 몇 년 전에 배웠던 사람이라도 이 책을 읽으면 세상을 바라보는 새로운 시각을 가지게 될 것입니다. 책을 다 읽은 뒤에 눈앞에 공식들이 빛을 내면서 날아다니지는 않겠지만, 영화 '매트릭스'에서 네오가 자신의 기초가 되는 컴퓨터 코드를 깨달았을 때처럼 무언가를 깨닫고 가길 바랍니다. 물론 저는 모피어스처럼 멋지진 않지만, 이 책을 읽는 독자들이 우물 밖으로 나오는 걸 도와주고 싶습니다.

오스카 에드워드 페르난데스
매사추세츠주 뉴턴에서

차 례

각 장에서 설명하는 미적분학 주제

다음은 각 장에서 설명할 미적분학 주제를 자세히 나열한 것입니다.

1장

- 1차(선형) 함수
- 다항 함수
- 삼각 함수
- 지수 함수
- 로그 함수

2장

- 기울기와 변화율
- 극한과 도함수
- 함수의 연속성

3장

- 도함수의 해석
- 2차 도함수
- 선형 근사법

4장

- 미분 법칙
- 연관 변화율(Related Rate)

5장

- 미분
- 최적화
- 평균값 정리

6장

- 리만합
- 곡선 아래 넓이
- 정적분
- 미적분의 기본 정리
- 역도함수
- 적분을 활용하여 대기 시간 구하기

7장

- 함수의 평균값
- 곡선의 길이
- 최고의 영화관 좌석 구하기
- 우주의 나이 구하기

일어나서 함수의 냄새를 맡아보자!

나는 잘 몰랐지만, 수학은 이미 내 인생에 깊숙이 연관되어 있었어. 이미 만들어진 삼각 함수에 따라 아침에 일어나는 기분이 매번 다르다는 사실까지 알게 되었으니 말이야.

오늘은 금요일 아침, 내 옆에 있는 알람 시계를 보니 오전 6:55이군. 5분 뒤에 자명종이 울려서 날 깨우면 나는 대략 7.5시간을 잔 뒤에 상쾌하게 일어난 셈이야. 나는 "만물은 수이다."라는 격언을 남긴 고대 수학자 피타고라스의 추종자들처럼 7.5시간 동안 즐겁게 자기로 했지. 사실, 나에게는 다른 선택지가 없었어. 7.5를 포함한 여러 숫자가 우리의 매일매일 삶을 지배하고 있기 때문이야. 지금부터 내가 설명해줄게.

오래전 일이야. 나는 아주 먼 곳에 있는 대학에 다녔는데, 그날 내 방으로 통하는 기숙사 계단을 걸어 올라가고 있었어. 그때 나는 2층 복도 끝에서 내 친구 에릭 존슨(EJ)과 살고 있었지. 우린 둘 다 물리학과 1학년이어서 나는 자주 그의 방을 찾아가 수업에 관해 이야기하곤 했어. 하지만 그날은 그가 방에 없었어. 그래서 나는 별생각 없이 좁은 복도를 통해 내 방으로 돌아가고 있었는데, 아무도 없는 곳에서 EJ가 갑자기 노란 포스트잇 메모를 손에 들고 나타났지. 그는 "이 숫자가 너의 삶을 변화시킬 거야."라며 엄숙한 목소리로 말하고 그 메모를 내게 주었는데, 거기에는 이런 일련의 숫자들이 적혀 있었어.

1.5 4.5 7.5
3 6

드라마 로스트의 헐리(Hurly)가 신비로운 일련의 숫자를 처음 접했을 때처럼, 나는 직감적으로 이 숫자에 어떤 의미가 담겨 있다는 것을 알 수 있었지만, 정확히 그게 무엇인지는 몰랐지. 그래서 어떻게 대답할지 몰라서 그냥 "뭐?"라고만 말했어.

EJ는 다시 메모를 가져가더니 숫자 1.5를 가리키면서 "한 시간 반, 그리고 또 다른 한 시간 반은 총 세 시간을 만들지."라고 말했어. 그리고는 사람의 평균 수면 주기는 90분(한 시간 반)이라고 설명해 주었지. 나는 이 숫자들을 'W'자 모양으로 연결해 봤어. 그 결과 이 숫자들이 전부 서로 1.5만큼 차이가 나고, 이 1.5는 수면 주기의 길이를 뜻한다는 사실을 알게 되었지. 이로써 나는 왜 어떤 날에는 '끝내주는 기분'으로 일어나고, 어떤 날에는 '지친' 상태로 일어나는지 설명할 수 있게 됐어. 이런 간단한 일련의 숫자들이 이토록 내게 영향을 줄 수 있다니 매우 흥미로웠지.

실제로 정확하게 7.5시간을 자는 것은 매우 어려웠어. 만약 7시간 혹은 6.5시간만 자게 된다면? 그땐 어떤 기분일까? 수면 주기 함수가 있었다면 이런 질문들에 답할 수 있겠지. 그렇다면 이제 구할 수 있는 정보를 이용해서 이 함수를 만들어보자.

삼각 함수가 여러분의 아침과 무슨 상관이 있을까?

대표적인 수면 주기는 렘(REM)수면으로 시작해서 비-렘수면으로 진행되지. 꿈은 보통 렘수면 상태에서 꾸는 거야. 우리 몸은 비-렘수면의 네 단계를 거치면서 회복되는데,[1] 마지막 두 단계인 3단계와 4단계는 숙면에 해당해. 즉, 우리가 숙면에서 깨어나는 것은 렘수면의 단계를 거꾸로 올라가는 것과 같아. 이때 총 주기는 일반적으로 1.5시간이 걸리는데, 우리가 수면 시간 t에 대한 수면 단계 S를 그래프로 만들면 **그림 1-1**(a)를 얻을 수 있어. 그래프의 모양은 우리가 어떤 함수를 사용하여 수면 단계를 설명해야 하는

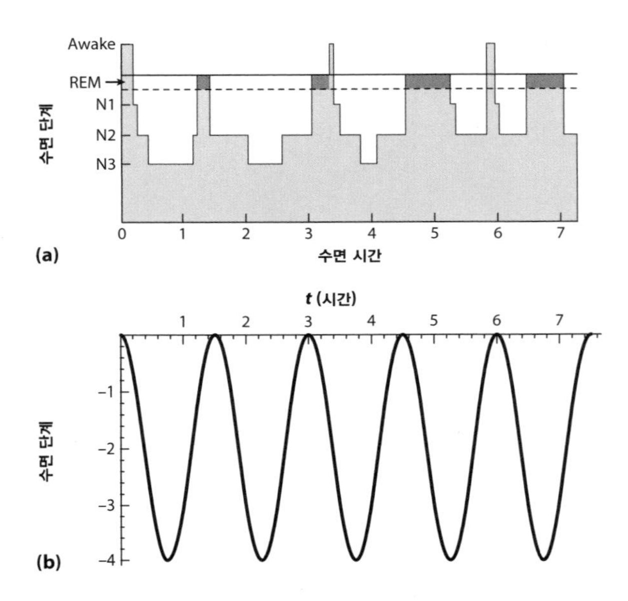

그림 1–1 (a) 일반적인 수면 주기[2] (b) 우리의 삼각 함수 $f(t)$

지 힌트를 주지. 이 그래프가 대략 1.5시간마다 반복되니 여기에 삼각 함수를 적용해서 근사치를 구해보자.

이 함수를 찾고자 S가 네가 잔 시간 t에 의해 결정된다고 전제하고 시작해보자. 수학적으로 우리는 네 가지 수면 단계 S를 통해 네가 몇 시간 동안 잤는지를 총 시간 t의 함수라고 말할 수 있고 S

$= f(t)$라고 쓸 수 있어.[i] 이제 수면 주기에 대해 아는 것을 활용해서 합리적인 $f(t)$의 공식을 찾아보자.

이제 우리는 렘/비-렘수면 단계의 주기가 1.5시간마다 반복된다는 것을 알게 됐어. 이건 $f(t)$의 값이 주기라고 불리는 시간 간격 T마다 반복되는 주기 함수라는 뜻인데, 이때의 주기 $T = 1.5$시간인 거야. '깨어난' 수면 단계를 $S = 0$으로 정하고, 그다음의 각 단계를 이어지는 음의 정수로 정하자. 예를 들어, 수면 단계 1은 $S = -1$로 정하는 거야. $t = 0$이 네가 잠에 들었을 때라고 가정하면, 삼각 함수는 다음과 같이 나타낼 수 있어.[부록 1]

$$f(t) = 2\cos\left(\frac{4\pi}{3}t\right) - 2 \text{ 이때, } \pi \approx 3.14$$

단, $f(t)$가 우리의 수면 주기를 잘 나타내는 수학적 모델이라고 주장하기 전에 몇 가지 검증단계를 거쳐야 해. 첫째로 $f(t)$는 우리가 1.5시간마다 깨어 있다는 사실을 보여줘야 해(수면 단계 0). 확실히 $f(1.5) = 0$이고 1.5의 배수 모두 같은 함숫값을 가지지. 다음으로, 우리의 모델은 **그림 1-1**(a)의 실제 수면 주기를 재현해야 해. **그**

i 함수와 그래프가 무엇인지에 대한 간단한 보충 설명은 부록 A에 있다.

림 1-1(b)는 $f(t)$의 그래프를 나타내는데 우리가 깨어 있는 단계뿐만 아니라 숙면하는 시간까지도(골짜기 부분)잘 담아내고 있다는 사실을 알 수 있을 거야.[ii]

내 경우에는 7.5시간을 자려고 노력했지만 사실 몇 분 정도는 놓칠 가능성이 커. 만약 이 주기에서 많이 지나쳐 3단계나 4단계에서 일어나게 된다면 수면이 부족하다고 느끼게 될 거야. 그래서 나는 여전히 상대적으로 잘 잤다는 느낌이 들려면, 얼마나 1.5시간의 배수에 가까운 시간 동안 잠을 자야 하는지 알고 싶어졌지.

이제 우리는 $f(t)$ 함수를 사용해서 이 질문에 답할 수 있어. 예를 들어, 수면 단계 1이 여전히 상대적으로 선잠을 자는 상태이기에 우리는 다음을 만족시키는 t 값을 구해야 해.

$$f(t) \geq -1 \quad \text{즉} \quad 2\cos\left(\frac{4\pi}{3}t\right) - 2 \geq -1$$

---

ii **그림 1-1**(a)가 나타내듯이 대략 3개의 수면 주기를 마친 후(4.5시간 수면), 우리는 더는 숙면 단계를 경험하지 않는다. 하지만 모델을 디자인하면서 이 부분을 고려하지 않았는데, 이는 $f(t)$가 **그림 1-1**(a)에서 t 〉 5일 때 나타나는 얕은 골짜기를 담아내지 못하는 이유가 된다.

이 시간 간격을 구하는 빠른 방법은 **그림 1-1**(b)의 수면 단계 -1에 수평선을 그리는 거야. 그러면 이 선 위에 있는 모든 t값들은 앞선 부등식을 만족하게 되지. 자를 사용해서 비슷하게 어림짐작할 수도 있지만, $f(t) = -1$의 식을 풀면 정확한 간격을 찾을 수 있어.[부록 2]

$$[0, 0.25], [1.25, 1.75], [2.75, 3.25], [4.25, 4.75], [5.75, 6.25], [7.25, 7.75], \text{등}$$

우리는 각 간격의 끝점이 1.5의 배수에서 0.25시간 즉, 15분 간격으로 벌어져 있는 것을 알 수 있지. 이 모델을 살펴보면 1.5시간 목표를 15분 차로 놓치는 것은 우리의 아침 기분에 눈에 띄게 영향을 미치지는 않는다는 것을 알 수 있어.

이 분석은 사람들의 평균 수면 주기를 90분으로 가정했는데, 우리 중 어떤 사람은 이 주기가 80분에 가깝고 반대로 어떤 사람은 100분에 가까울 수도 있다는 것을 뜻하지. 이러한 차이를 $f(t)$에 대입하는 방법은 상대적으로 간단해. 주기 T를 바꾸기만 하면 되니 말이야. 15분의 완충 시간 또한 다른 시간으로 변경할 수 있어. 이러한 자유 매개변수들을 각자에게 맞게 명시하여 $f(t)$ 함수를 맞출 수 있지.

나는 잘 몰랐지만, 수학은 이미 내 인생에 깊숙이 연관되어 있었어. 수학을 통해 EJ의 1.5 배수의 미스터리를 풀었을 뿐만 아니라, 우리 모두가 이미 만들어진 삼각 함수에 따라 아침에 일어나는 기분이 매번 다르다는 사실까지 알게 되었으니 말이야.

어떻게 유리 함수가 토머스 에디슨을 좌절하게 했을까? 어떻게 전자기 유도가 세상에 동력을 제공할까?

사람들 대부분처럼 나도 알람에 맞춰서 일어나지. 단, 다른 이들과는 달리 나는 두 가지 알람을 맞추어 놓지. 하나는 벽에 연결된 라디오 알람 시계이고 다른 하나는 내 iPhone 알람이야. 내가 대학을 다닐 때 정전이 일어나 기말 시험에 늦은 이후로 이렇게 늘 알람을 두 개씩 맞춰두었지. 모든 기기는 전기로 작동하니까 정전이 일어났을 때 내 알람 시계에 흐르던 전기도 같이 중단되었던 것이 분명해. 그렇다면 과연 '전기'는 무엇이고 어떻게 전기가 흐르는 걸까?

평소에 내 알람 시계는 교류(AC)의 형태로 전기를 공급받지. 그렇지만 원래부터 그랬던 것은 아니야. 유명한 발명가인 토머스 에디슨(Thomas Edison)은 1882년에 최초의 전력 공급 회사를 설립했는데 이 회사는 직류(DC)를 사용했어.[3] 에디슨은 곧 사업을 확장했고 DC 전류가 세상에 전력을 공급하기 시작했지. 그렇지만 에디슨의 DC 제국에 대한 꿈은 결국 무너지게 되는데, 이것은 기업체의 이득이나 로비스트, 또는 환경운동가 때문이 아니라 매우 범상치 않은 용의자인 유리 함수 때문이었어.

이 유리 함수에 관한 이야기는 프랑스의 물리학자인 앙드레-마리 앙페르(André-Marie Ampère)로부터 시작하지. 1820년에 그는 전류를 전달하는 두 전선이 마치 자석처럼 서로 끌어당기거나 밀어낼 수 있다는 것을 발견했어. 그다음 순서는 전기력과 자기력의 연관성을 찾는 것이었지.

이를 찾는 데 기여한 인물로 예상 밖의 천재가 있었어. 바로 영국 물리학자 마이클 패러데이(Michael Faraday)였는데, 그는 정규 교육이나 수학적 훈련을 거의 받지 못했지만, 자석들 사이의 상호작용을 시각화하는 데 성공했어. 사람들 대부분은 한 자석의 '*N*'극과 '*S*'극이 서로 잡아당기기 때문에 서로 가까이 두게 되면 붙는다는 사실을 당연하게 여겼지만, 패러데이는 이러한 현상에 이유가 있다고 생각했지. 그는 자석의 *N*극에서 나와서 *S*극에서 모이는 '역선'이 있다고 믿었어. 그리고 그는 이러한 역선을 자기장이라고 불렀어.

패러데이에게 앙페르의 발견은 자기장과 전류가 관계가 있다는 암시를 주었고, 그는 1831년에 그 두 가지가 어떤 연관이 있는지를 발견해냈지. 또한, 그는 자석을 회로 근처에서 움직이면 회로에 전류를 만들 수 있다는 사실도 알아냈어. 바꿔 말하자면 이 유도 법칙은 자기장을 변화시키면 회로에 전압이 발생한다고 명시하고 있어. 우리는 배터리(내 iphone의 배터리 같은)가 어떻게 전압을 만들어내는지 알고 있지. 배터리에서 화학적 반응이 일어나 에너지를 방출하는데, 그 에너지가 배터리의 양극 단자와 음극 단자 사이에서 전압을 일으키는 거잖아. 그런데 패러데이의 발견은 전압을 만드는 데 화학적 반응이 필요 없다고 말하고 있어. 그냥 자석을 회로 근처에서 움직이기만 하면 전압을 만들어 낼 수 있다는 거야! 이 전압은 이제 회로의 전자들을 이리저리 움직이게 해서 전자의 흐름을 만들고 오늘날 우리는 이것을 전기 또는 전류라고 부르지.

그렇다면 이것이 에디슨과 무슨 상관이 있을까? 글쎄, 우선 오늘날 배터리가 만들어내는 것과 같은 DC 전류로 작동하는 에디슨의 발전소를 떠올려보자. 이 배터리들은 일정한 전압에서 작동하는데(12볼트 배터리가 15볼트 배터리가 되는 마법 같은 일은 일어날 리 없지), 에디슨의 DC 전류 발전소 또한 일정한 전압에서 작동했지. 이때는 이게 좋은 생각인 것처럼 보였지만, 곧 엄청난 실수였다는 사실이 밝혀지게 돼. 그 이유는 여기에 숨겨진 수학 원리 때문이야.

에디슨의 발전소가 V만큼의 전기 에너지(즉, 전압)를 만들어내고, 이렇게 만들어진 전류를 전선을 통해 19세기의 집으로 보낸다고 가정해보자. 이 집의 기기들은(어쩌면 고급스러운 최신 전기 난로 같은 것들이 있었겠지) 일정한 비율(P_0)로 에너지를 빨아들이고, V와 연관된 전선의 길이 l과 반지름 r은 다음과 같은 관계가 있어.

$$r(V) = k\frac{\sqrt{P_0 l}}{V}$$

이때 k는 전선에 얼마나 쉽게 전류가 흐르는가를 나타내지.[iii] 하지만 당시에 에디슨은 이 유리 함수라는 강적이 자신을 방해하리라

iii 물질의 이러한 성질은 전기 저항이라고 불린다. 주로 구리로 전선을 만드는 것도 구리의 전기 저항이 작기 때문이다.

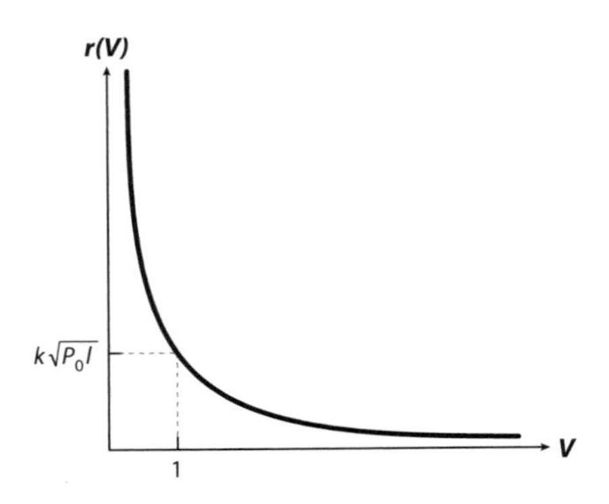

그림 1-2 유리 함수 $r(V)$의 그래프

는 사실을 전혀 알지 못했지.

우선, 전기를 공급하는 가장 쉬운 방법은 매달린 전선을 통하는 거야. 전선에 내재한 특성상 가능한 전선을 작게(r을 작게) 만드는 것이 이득인데, 그렇게 하지 않으면 비용도 더 들뿐더러 무게가 더 나가서 전선 아래를 걸어 다니는 사람들에게 잠재적인 위험이 되지. 하지만 우리의 유리 함수는 반지름 r을 작게 만들면서 먼 거리로(l을 크게) 전기를 운반하려면 전압 또한 커져야 한다(즉, V가 커야 한다)고 말해(**그림 1-2**). 이것이 정확한 에디슨의 문제였어. 그의 발전소들은 110볼트의 낮은 볼트에서 작동했고, 그 결과 고객들이 전기를 공급받으려면 발전소로부터 최대 2마일 이내에 살아야만 했던 거지. 새로운 전력 시설을 짓는 비용이 너무 비쌌기 때문에, 결국 이 방식은 에디슨의 수익을 매우 떨어뜨렸어. 더불어 1891년 독일의 전시회에서는 발전소 위치에서 108마일까지 이동하는 AC 전류가 등장했지. 스포츠 비즈니스에서 하는 말을 빌리자면 에디슨은 잘못된 말에 돈을 건 셈이야.[4]

하지만 함수 $r(V)$는 또 다른 특징이 있어. 다른 측면에서 볼 때, 전압 V를 매우 크게 올리면 길이 l도 증가시키면서(전압보다는 조금 작게) 여전히 전선 반지름 r을 감소시킬 수 있지. 즉, 매우 얇은 전선을 사용하여 높은 전압 V를 먼 거리 l에 전달할 수 있다는 거야. 멋진데! 하지만 여기까지 해냈다고 해도 여전히 이 높은 전압을 우리 기기들에서 사용하는 낮은 전압으로 변환할 방법을 찾아야 해. 안타깝게도 $r(V)$는 우리가 어떻게 그렇게 할 수 있는지를 말해주지 않지. 그렇지만 우리의 천재 영국인 마이클 패러데이는 이미 어떻게 해야 하는지 알고 있었어.

패러데이는 수학자들이 '이행 추론(Transitive Reasoning)'이라고 부르는 A가 B를 일으키고 B가 C를 일으키면, A가 C를 일으킨다는 추론을 사용했지. 자세히 말하자면, 자기장을 변화시키면 회로에

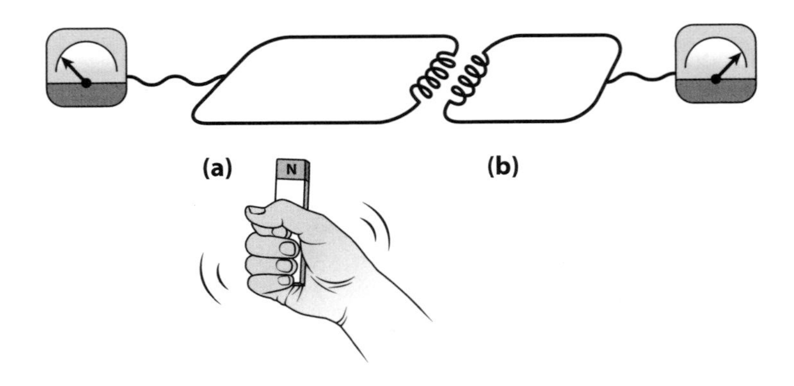

그림 1-3 패러데이의 유도 법칙 (a) 자기장을 변화시키면 회로에 전압이 발생한다. (b) 만들어진 교류(AC) 전류는 또 다른 변화하는 자기장을 만들어 근처의 회로에 또 다른 전압을 발생시킨다.

전류가 생긴다는 그의 전자기 유도 법칙과 회로에서 흐르는 전류가 자기장을 생성한다는 앙페르의 발견을 이용하면, 자기장을 이용해 전류를 한 회로에서 다른 회로로 옮길 수 있을 것이라는 거야. 그가 어떻게 해냈는지 살펴볼까.

깔끔하게 면도를 하고 머리 가운데 가르마를 탄 키 큰 남자 패러데이를 상상해보자. 그는 자석을 손에 들고 주변에 있는 회로 근처에서 흔들고 있어. 이렇게 전자기 유도를 통해 변화한 자기장은 한 회로에 전압 V_a를 발생시키게 되지(**그림 1-3**(a)).

앙페르의 발견에 따르면 이렇게 발생한 교류는 또 다른 변화하는 자기장을 만들어 내고, 그 결과 또 다른 전압 V_b가 주변 회로에서 발생하여 그 회로에 전류를 제공하게 돼(**그림 1-3**(b)).

패러데이는 주변에서 자석을 고리에 가깝게 흔들기도 하고 멀리 나가서 흔들기도 했어. 또 빠르게 흔들기도 하고 느리게 흔들기도 했지. 이건 발생한 전압 V_a가 변한다는 의미야. 오늘날에는 자석들이 풍차와 같이 회전하는 물건들에 장착되어 있는데, 풍차 날개들이 바람에 회전하면서 터빈 내에서 생성되는 자기장 또한 변하게 돼. 이렇게 하면 패러데이가 손을 미친 듯이 흔들지 않아도 삼각 함수를 통해 변화를 나타낼 수 있어. 교류 전류에 '교류'라는 말이 붙은 건 이 교류 전압이 전류를 오고 가도록 만들었기 때문이지.

좋아, 이제 우리는 회로들 사이에서 전류를 이동시킬 수 있어. 그렇지만 여전히 전압이라는 문제가 남아있지. 대부분 가정에서 쓰는 플러그들은 낮은 전압에서 작동해(에디슨은 이 문제를 아직 해결하지 못했지). 그렇지만 현대 전력망들은 최대 765,000볼트의 전압을 생성하지. 그렇다면 어떻게 이 높은 전압을 대부분의 나라에서 사

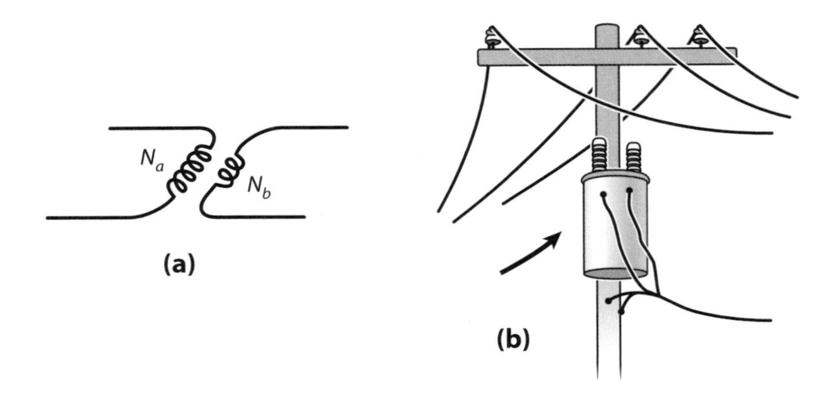

그림 1-4 (a) 다른 나선 수 N_a와 N_b를 가진 두 가지 회로 (b) 변압기

용하는 표준 범위인 110−220 볼트로 줄일 수 있을까?

회로의 배선이 N_a번 감겨 있고 주변 회로의 배선은 N_b번 감겨 있다고 가정해보자(**그림 1-4**(a)). 그렇다면 다음 식이 성립하지.

$$V_b = \frac{N_b}{N_a} V_a$$

이 공식은 높은 입력 전압 V_a를 낮은 출력 전압 V_b로 "낮출 수" 있다는 의미야. 즉, 출력 전선의 나선 수보다 입력 전선의 나선 수 N_a를 크게 하면 되지. 이러한 전압의 전이는 상호유도라고 불리는데 현대 송전의 진수라고 할 수 있어. 실제로 지금 밖에 나가서 전선을 올려다보면 **그림 1-4**(b)와 같은 원통형의 통을 볼 수 있을 거야. 이러한 변압기들은 상호유도를 통해 현대의 전기 발전소에서 생산하는 높은 전압을 가정에서 사용할 수 있는 안전한 전압으로 낮추는 역할을 하게 돼.

내가 이 이야기를 시작하게 된 두 기기(iPhone과 시계가 달린 라디오)는 에디슨과 패러데이 모두의 노력으로 만들어진 유산과 같아. 내 iPhone의 배터리는 DC 전류로 작동하고, 내 시계가 달린 라디오는 수십 마일 떨어진 전기 발전소에서 교류 전압으로 벽의 콘센트를 통해 들어오는 AC 전류 덕분에 작동하지. 그리고 그 중간에서 패러데이의 상호유도는 전압을 낮춰서 우리가 전자 기기들을 사용할 수 있게 해줘.

하지만 여기에서 진정한 영웅은 유리 함수 $r(V)$야. 비록 이것이 에디슨의 사업을 망하게 했지만, 다른 견해에 따르면 에디슨의 실패를 통해 현대 전기 전력망들이 그때 사용한 110볼트보다 훨씬 더 높은 전압에 기반을 두게 되었다는 거야. 이처럼 우리 세상에 대해 더 알기 위해 수학에 "귀를 기울이는 것"이 이 책에서 되풀이 하는 주제야. 우리가 만들어 낸 두 가지 함수, 바로 삼각 함수 $f(t)$와 유리 함수 $r(V)$는 여러분이 어디에 가든지 존재하지. 자, 이제 정신을 차리고 숨어 있는 수학들을 더 알아보기로 할까.

공기 중에 숨어 있는 로그

아침 7시가 되니 드디어 알람 시계가 울려. 나는 "따르릉 따르릉" 하는 알람 소리는 질색이라서 대신 라디오가 나오도록 설정해 놓았지. 내가 앤아버(Ann Arbor)에 살 때는 지역 공영 라디오 방송(NPR) 91.7 FM을 들으며 일어나곤 했지.

하지만 이제 보스턴에 살게 되면서 91.7 FM에서는 잡음만 들리지. 앤아버 방송국에 무슨 일이 일어난 건가? 아니면 내 라디오가 고장이 난 건가? 내 NPR은 어디에 있는 거야?! 보스턴의 지역 NPR 방송국은 WBUR-FM인데 주파수를 90.9 FM에 맞추면 들을 수 있어. 내가 사는 곳은 이제 앤아버에서 멀리 떨어져 있어서 예전에 듣던 91.7 NPR 방송은 주파수를 잡을 수 없지. 우리는 고향에서 차를 타고 멀리 나가면 우리가 좋아하는 모든 라디오 방송이 점차 약해지다가 사라진다는 사실을 직감적으로 알고 있어. 그런데 잠깐만 기다려봐. 이건 우리가 앞서 **그림 1-2**에서 본 함수 $r(V)$와 같은 상관 관계잖아. 전파에도 또 다른 유리 함수가 숨어 있는 건 아닐까?

이제 WBUR로 돌아가서 알아보자. 신호 강도를 측정하는 이 방송국의 '유효 방사력(Effective Radiative Power)'은 12,000 와트(Watt)이지.[5] 이 단위는 전구에서도 흔히 볼 수 있어서 눈에 익을지 몰라. 100와트 전구를 한 시간 켜놓게 되면 100와트시(Watt-Hours)의 에너지를 소모하게 되는데, WBUR의 방송국은 12,000와트시의 에너지를 매시간 방출하니까 이것은 곧 12,000/100 = 120개의 전구 에너지와 같은 양이야! 그렇다면 그 에너지는 어디로 가는 걸까?

어두운 방 가운데 위치한 전구를 상상해보자. 불을 켜게 되면 전구에서 빛이 발산되어 방 전체를 비추겠지. 전구는 에너지를 내뿜는데 그 에너지의 일부가 빛의 형태로 방의 공간 전체에 균등하게 발산하게 되지. 비슷하게 WBUR의 안테나도 에너지를 전파라는 형태로 발산하지.

이제 전구에 가까울수록 빛이 밝은 것처럼 WBUR의 안테나에 가까울수록 라디오가 잘 들린다고 할 수 있어. 거리 r에서 신호의 강도 $J(r)$을 계산하면 이 신호를 측정할 수 있을 거야.

$$J(r) = \frac{\text{방사력}}{\text{표면적}} = \frac{12{,}000}{4\pi r^2} = \frac{3{,}000}{\pi r^2} \quad (1)$$

이때, 나는 에너지가 밖으로 발산될 때 구의 형태를 띤다고 가정했지. 아하! 우리가 예측했던 유리 함수가 여기에 있었어. 이 함수를 살펴보고 어떻게 라디오가 작동하는지 배워보자.

$J(r)$ 공식을 보면 안테나로부터의 거리 r이 증가할수록 신호의 강도가 줄어든다는 걸 알 수 있어. 내가 앤아버에서 보스턴으로 이사한 후에 왜 더는 옛 라디오를 들을 수 없는지 설명이 되는군. 앤아버 NPR 방송국이 더 이상 전파를 보내지 않는 것이 아니라, 신호의 강도가 너무 약해져서 내 라디오가 잡을 수 없는 거야. 반면에 WBUR의 안테나에서 나오는 신호는 전혀 문제없이 잡을 수 있고 말이지.

멍하니 앉아서 라디오를 듣는 동안 경제와 정치에 관한 몇 가지 뉴스들이 있었어. 별로 흥미로운 게 없어서 침대에 누워 듣고 있었지. 이럴 때 다시 잠에 빠질 수 있다는 위험한 가능성이 항상 있기 때문에 두 번째 알람을 맞춰놓았지. 자, 잠들지 않으려고 몇 가지 간단한 질문을 던져 내 뇌를 깨우려고 해. 내가 지금 뭘 듣고 있지?

물론 답은 90.9 FM의 WBUR이지. 하지만 이건 라디오 전파이고 사람은 전파를 들을 수 없어. 귀가 들을 수 있는 주파수 범위는 20에서 20,000헤르츠(Hertz)인데,[6] WBUR의 신호는 90.9메가헤르츠로 방송되기 때문이야.[iv] 그러니까 나는 라디오 전파를 듣는 게 아니야. 그렇다면 내가 듣는 소리는 내 라디오에서 나오는 것일 테니까, 이 작은 기기가 아무래도 내가 들을 수 없는 라디오 전파를 들을 수 있는 소리로 바꾸는 것 같아. 하지만 어떻게 바꾸는 걸까?

이 질문에 대한 답의 일부는 WBUR이 90.9메가헤르츠로 전송한다는 사실에 숨겨져 있어. 모든 소리는 연관된 주파수가 있지. 예를 들어, 88건반 피아노에서 A4라고 불리는 49번째 건반은 440헤르츠의 주파수를 가지고 있지. 그리고 주파수와 연관된 현상들은 수면 주기 함수처럼 진동 함수로 나타낼 수 있어(부록 A를 참고하

---

iv 메가헤르츠(MHz)는 1×10^6헤르츠이다. 헤르츠(Hz)는 주파수의 단위이다(간단한 보충 설명은 부록 A에 있다).

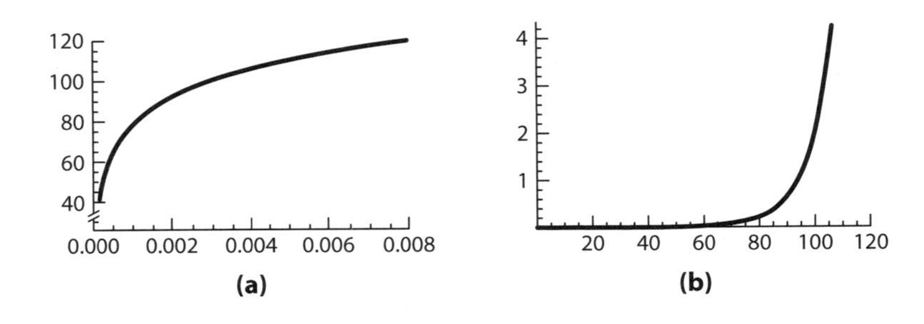

그림 1–5 (a) 함수 $L(p)$의 그래프 (b) 함수 $p(L)$의 그래프

거나 일반 상식에 따름). 그렇다면 이 경우에 진동은 무엇일까? 라디오와 내 귀 사이에 어떤 것이 앞뒤로 진동하면서 움직이고 있다는 것이지. 아무것도 보이지 않으니까 내 귀와 라디오 사이에서 움직이는 건 공기가 되겠지. 자, 이제 질문의 답은 공기압의 변화와 연관이 있는 것이 분명해.

분명히 소리는 압력파라고 할 수 있는데 이걸 증명하기는 쉬워. 공기가 하나도 없도록 손바닥을 입에 가져가 붙이고 말을 하려고 해봐. 소리를 낼 때 공기가 손바닥에 닿는 느낌이 나면 안 돼. 행운을 빌어. 공기 분자가 움직이지 않으면 압력파가 존재할 수 없어. 이제 손을 귀에 가까이 가져가서 앞뒤로 격렬하게 부채를 부쳐봐. 팔이 움직이면서 나는 주기적인 소리를 들을 수 있을 거야. 이 소리가 바로 압력파인 거지.

팔이 움직이는 것처럼 라디오 또한 스피커를 앞뒤로 진동하게 만들어서 압력파를 만들고, 우리 귀가 그 파동을 소리로 감지하는 거지. 그리고 스피커가 격렬하게 진동하면 큰 소리를 만들게 돼. 수학적으로 우리가 압력파의 음압을 p라고 표시하면, 그 소리의 '소음 수준' $L(p)$는 **그림 1-5**(a)의 로그 함수로 나타낼 수 있어.

$$L(p) = 20\log_{10}(50{,}000p)\,\text{decibels}$$

데시벨(dB)이라는 단위가 눈에 익숙할 텐데 이게 뭔지 한번 알아보자. 참고로 샤워기 꼭지에서 나오는 물은 80데시벨 정도의 소음을 만들고, 제트 엔진을 30미터 정도 떨어진 거리에서 들으면 140데시벨 정도의 소음이 들리지. 이제 왜 최소 90데시벨 정도의 소음을 오래 듣게 되면 청력을 잃을 수도 있는지 알 수 있을 거야.[7] 대부분 사람들은 압력파를 측정하는 것보다는 데시벨 단위에 더 익숙하니까, $L(p)$ 공식을 바꿔보면 **그림 1-5**(b)에 나타낸 지수 함수를 얻을 수 있어.[부록 3]

$$p(L) = \frac{1}{50,000} 10^{L/20}$$

$p(L)$ 공식은 소음 수준이 $L = 0$데시벨이면 압력은 $p(0) = 1/50,000 = 20 \times 10^{-6}$ 파스칼(Pascal)이라고 나타내지. 이 파스칼은 압력의 단위야. 이 소음 수준과 압력은 모기가 3미터 거리에서 날갯짓을 할 때 발생하는 것과 비슷한 수준이니까 굉장히 작은 압력인 셈이야.[8]

이 압력에 대해서 이해했는데도 아직 머릿속에 남아있는 생각이 있어. 나는 바로 몇 분전에도 삼각 함수 $f(t)$ 모형에 따른 수면을 취하고 있었지. 그리고 유리 함수 $r(V)$와 WBUR의 안테나 강도 함수 $J(r)$ 덕분에 내 라디오가 켜졌지. NPR 리포터의 목소리가 압력파를 만들었고 $L(p)$ 함수를 통해 나는 그걸 소리로 들을 수 있었어(실제로 우리는 로그 함수들을 듣고 있는 거야. 멋지지 않아?). 정말 많은 일이 일어나고 있는데 이 혼란한 상황을 정리할 수 없을까? 내가 아침에 여러 가지 함수를 만난 건 우연일까? 아니라면 아침과 함수와 연관이 있나? 그 관계에 대한 '일관된 원리'를 찾을 수 있으면 좋을 것 같아.

삼각 함수의 주파수

옷을 입으면서 생각을 하고 있었어. 침실의 반대편에는 아내 조라이다와 내가 옷들을 잔뜩 넣어놓는 작은 옷장이 있지. 조용한 소리가 들려오다가 점점 커지는데. 조라이다가 코를 골고 있었군. 곧 일을 나가야 하니까 TV를 켜서 아내를 깨우려고 해. 그녀는 아침 TV 프로를 들으며 일어나는 걸 좋아하거든. 자연스럽게 현대 가전기기 중 하나인 리모컨을 잡았게 되었지.

이제 리모컨을 손에 들고 '채널 업' 버튼을 누르면서 아내가 좋아할 만한 프로그램을 찾고 있어. 이 리모컨은 약 36,000헤르츠 정도의 주파수를 가진 적외선 파를 내보내지만, 난 이 신호를 눈으로 볼 수는 없지. 우리가 볼 수 있는 주파수 범위를 벗어나 있다는 거야. 이 파동들은 1과 0으로 이루어진 명령을 TV에 보내서 다음 채널로 넘어가게 돼. 아침 프로그램은 찾았고 이제 아내가 들을 수 있게 소리를 키우려고 해.

카키색 바지와 셔츠를 집고 샤워하러 가는 길에 조금 전에 말했던 '일관된 원리'에 대해 다시 생각해 보려고 해. 바깥 날씨가 구름이 껴서 복도가 어둡네. 지금이 7월이니까 빨리 비가 그치고 화창한 날이 왔으면 싶어. 그러고 보니 내 고등학교 동창 블레이크와 했던 대화가 생각났어. 그때 어떻게 우리가 보는 색상들이 여러 가지 빛의 주파수로 표현될 수 있는가에 대해 이야기하고 있었어.

예를 들어, 빨간빛의 주파수 범위는 430에서 480테라헤르츠 범위를 가져.[v,9] 블레이크는 외계인이 있다면 빨간빛을 실제로 "빨간색"으로 볼까에 대해서 궁금해했었어. 생물 시간이었기 때문에 우리는 종종 눈이 "빨갛다."라고 생각하는 것에 대해 이야기하고는 했지.

내 기억을 살펴보면서 나는 간단하고 명확하게 표현되는 주파수라는 단어에서 멈추게 되었어. 그리고 불현듯 이해가 되기 시작했지. AC 전류와 라디오 전파, 적외선 파, 태양빛, 그 모든 게 주파수와 연관이 있었던 거야. 내가 고민했던 '일관된 원리'가 바로 주파수였던 거지! 주파수와 관련되어 있기 때문에 진동 함수(삼각 함수)로 나타났던 거야.

이렇듯 수학적으로 일관된 원리는 물리적으로 해석할 수 있어. 간단하게 말하자면 AC 전류를 제외한 이 모든 파동은 전자기파의

---

v 1테라헤르츠(THz)는 1×10^{12}이다.

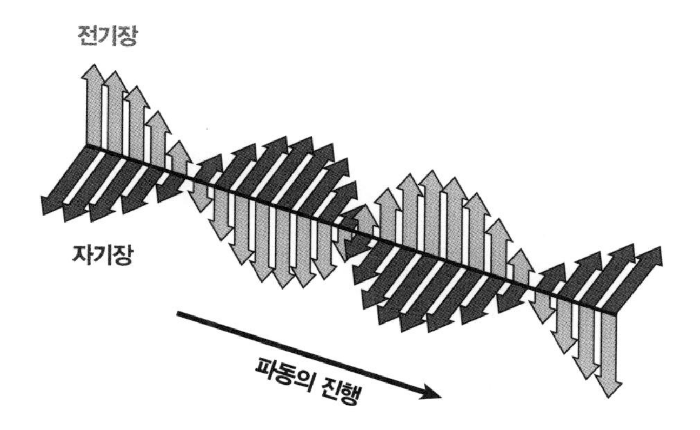

그림 1-6 전자기파. 전자기파가 운반하는 전기장과 자기장은 파동이 전파되면서 서로 수직으로 진동한다. 이미지 출처 http://www.molphys.leidenuniv.nl/monos/smo/index.html?basics/light.htm

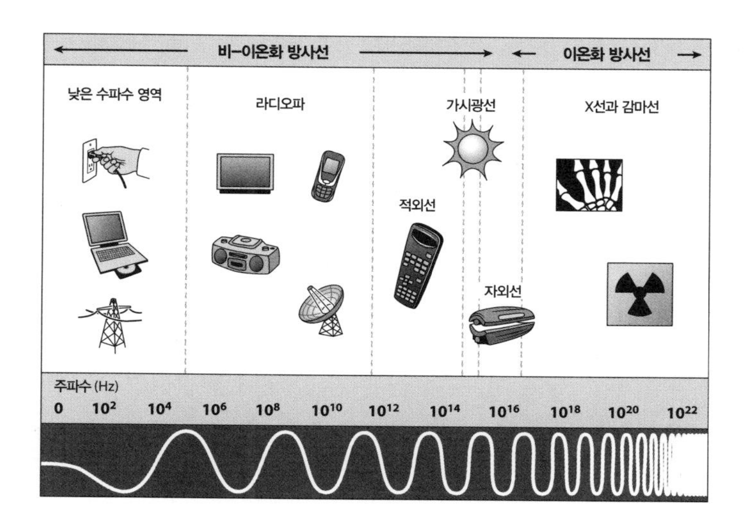

그림 1-7 전자기파 스펙트럼. 이미지 출처 http://www.hermesprogram.gr/en/emr.aspx

특정한 종류인 거지. 이름에서 알 수 있듯이 전자기파는 전기장과 자기장을 동반하게 되고,[vi] 파동이 전파되면서 전기장과 자기장이 서로 직각으로 진동하게 되니까 이것들은 삼각 함수를 사용하여 나타낼 수 있지(**그림 1-6**).

19세기의 가장 위대한 발견 중 하나는 빛 자체가 전자기파라는 발견이었지. 물론, 이것 또한 마이클 패러데이가 전자기 유도를 발견한 데서 시작했지. 이 발견은 왜 여러 빛이 관련 주파수를 가지는지를 설명하고 있어. 그러므로 적외선과 전파, 주파수를 가진 방사선들은 모두 전자기파라고 할 수 있어(**그림 1-7**). AC 전류는 전자기파는 아니지만, 전선을 따라 흐르면서 전자기파를 발생시키지. 전자기파를 수학적으로 표현하면 삼각 함수로 나타낼 수 있는데, 이게 바로 내가 찾던 일관된 개념이야.

화장실의 불을 켤 때, 몇 초 동안 내 주변에 흐르는 전자기파를 경이롭게 바라보며 서 있었어. 전구가 내뿜는 빛은? 전자기파지. 창문을 통해 들어오는 햇빛은? 또 다른 종류의 전자기파야. NPR이 내 침실의 라디오로 송신하는 전파는? 그것 또한 물론 다른 종류

---

vi 전기장은 자기장과 유사한데, 양전하와 음전하가 자석의 *N*극과 *S*극의 역할을 한다.

의 전자기파라고 할 수 있어. 결국, 우리는 로그 함수(함수 $L(p)$를 떠올려 봐!)를 들을 수 있을 뿐만 아니라, 이제 실제로 삼각 함수(빛)를 볼 수 있다는 것도 알게 되었어. 누가 과연 삶이 이렇게 많은 삼각 함수와 관련이 있을 거라고 상상이나 했을까?

갈릴레오의 포물선

욕조의 수도꼭지를 열고 샤워기로 물을 틀었는데 물이 너무 차가워! 물이 데워질 때까지 기다려야겠어. 기다리는 동안 이빨이나 닦으면 되겠네. 이를 위아래 양옆으로 닦는 동안 마치 물이 더 빨리 데워지라는 듯이 물을 쳐다보고 있었지. (걱정하지 마, 여기서 삼각 함수를 언급하진 않을 거야. 헛, 방금 막 말해버렸잖아!)

패러데이가 자기장을 생각해 냈듯이 나도 '중력장'이 물에 미치는 영향을 그려보려고 시도하고 있었지. 물이 샤워기에서 빠른 속도로 나오지만 일직선으로 쭉 나가지 않고 오히려 땅에 '끌리'듯이 떨어지는 걸 보면, 중력장은 분명히 존재하고 있다는 걸 알 수 있지. 물론 여기에는 자기장이 아니라 중력이 작용하고 있을 거야. 하지만 중력은 물리랑 관련이 있지 수학과는 관련이 없지 않을까? 이걸 발견해낸 사람이 바로 갈릴레오 갈릴레이인데, 이후에 심지어 아인슈타인이 그를 '근대과학의 아버지'라고 부를 정도니까 어떤 사람인지 알 수 있겠지? 그는 망원경을 사용해서 지구가 공전의 중심이 아니라 지구가 태양을 따라 회전하고 있다는 걸 밝혀냈지.

또한, 갈릴레오는 낙하하는 물체를 실험한 것으로 유명하기도 해. 가장 유명한 예로는 피사의 사탑에서 한 실험이 있지. 갈릴레오의 제자인 빈센초 비비아니는 갈릴레오의 전기에서 이 실험에 대해 설명했어. 그는 갈릴레오가 탑에서 두 가지 다른 질량을 가진 공들을 떨어뜨려서 그 두 공이 무게와 상관없이 땅에 동시에 닿을 거라는 가정을 실험했다고 적었어.[vii,10] 젊은 시절의 갈릴레오는 낙하하는 물체가 일정한 가속도에 따라 낙하한다고 주장했지. 이 간단한 명제를 가지고 그는 물체가 이동한 거리가 물체가 움직인 시간의 제곱과 비례한다고 증명하기도 했어.[11]

이 결과를 완벽하게 이해하기 위해서 맥락상 물이 샤워기에서 나

---

vii 이 유명한 이야기는 전설일지도 모르지만, 빈센초 또한 살아있지 않기 때문에 확인할 수 없다.

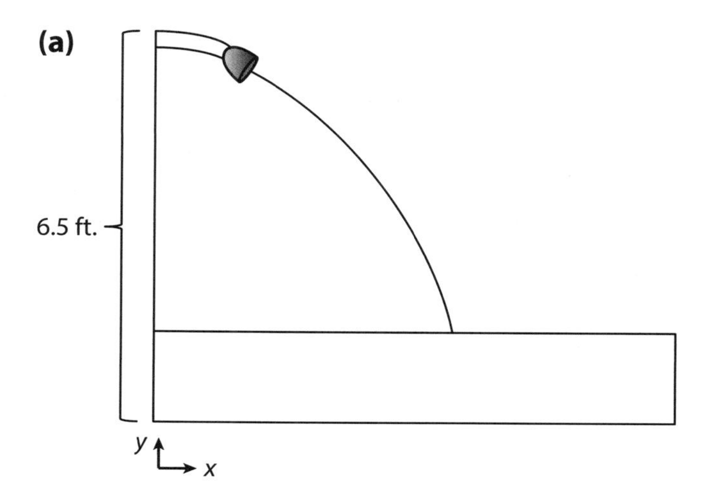

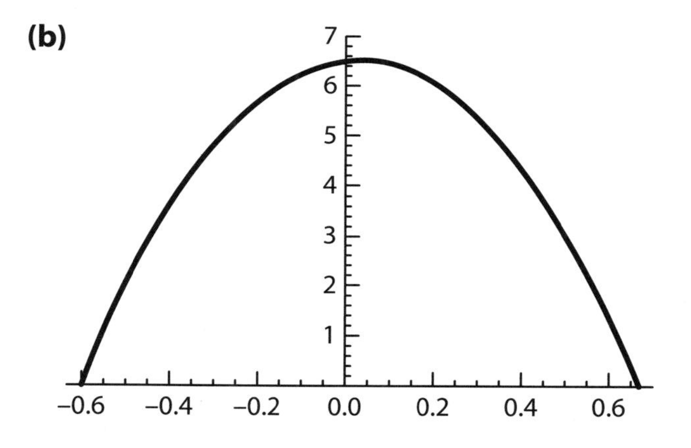

그림 1–8 (a) 그래프로 나타낸 샤워기와 물 (b) 포물선 함수 $y(x) = 6.5 + x - 16x^2$

오는 것이 무엇을 의미하는지 살펴보자. **그림 1-8**(a)는 샤워하는 대략적인 모습을 나타내지. 원점이 샤워기 바로 밑 땅에 있는 좌표계를 정의해 볼까. 가로는 x축, 세로는 y축이라고 부르고 물이 샤워기에서 x축과 y축 방향으로 일정한 속도 v_x, v_y로 나온다고 가정해보면, 중력은 y축 방향으로만 작용하기 때문에 가로축으로는 가속도가 없다는 걸 알 수 있어(중력 때문에 내 키가 줄어들 수는 있지만, 절대 뚱뚱해지지는 않는다는 농담처럼 말이야). 익숙한 공식인 거리 = 속력 × 시간을 사용하면, 물 입자가 가로로 이동한 거리 $x(t)$를 알 수 있지.

$$x(t) = v_x t$$

이때, 물 입자가 샤워기에서 나올 때부터 시간을 측정하여 t라고 쓰지.

그러면 y 방향은 어떨까? 샤워기에서 나오는 모든 물 입자는 중력에 의해 아래로 끌어당겨 지는데, 갈릴레오는 이것을 중력이 물체를 일정한 비율로 가속시킨다고 주장했지. 이 중력을 $-g$라고 부르자. 여기에서 마이너스 기호는 가속이 아래 방향이라는 걸 나타내고 있어. 시간 $t = 0$일 때, 물의 초기 속도가 v_y라는 것과 가속도

를 사용하면, 물의 속도 함수 $v(t)$는 다음과 같은 1차 함수라고 할 수 있어.[부록 4]

$$v(t) = v_y - gt$$

이 함수는 초기 속도와 중력의 영향을 고려했고, 갈릴레오가 살던 시대에도 시간에 따라 속도가 일정하게 변하는 물체가 이동한 거리는 다음 식으로 나타낼 수 있지.

$$y(t) = y_0 + v_{\text{avg}}t, \qquad \text{이때} \qquad v_{\text{avg}} = \frac{1}{2}\left(v_{\text{initial}} + v_{\text{final}}\right)$$

여기에서 y_0는 물체의 처음 위치를 뜻해. 처음에 물 분자가 바닥에서 6.5피트 정도 위에 있는 샤워기에서 나오니까 $y_0 = 6.5$라고 할 수 있어. 또한, 초기 수직 속도는 v_y이고 최종 속도가 $v(t) = v_y - gt$이니까 평균 속도는 다음과 같아.

$$v_{\text{avg}} = v_y - \frac{1}{2}gt, \quad \text{따라서} \quad y(t) = 6.5 + v_y t - \frac{1}{2}gt^2$$

$x(t)$ 공식과는 다르게, 물 분자의 수직 위치는 t의 다항 함수가 되

지. 더 자세하게 말하자면 2차 함수가 될 거야. $x(t)$ 공식에서 t 값을 구하고, $y(t)$ 공식에 대입해서 풀 수 있어. 그 결과 다음 공식에 이르게 되지.[부록 5]

$$y(x) = 6.5 + \frac{v_y}{v_x} x - \frac{g}{2v_x^2} x^2$$

v_x, v_y와 g 모두 숫자니까 포물선의 공식인 $y = 6.5 + Bx - Ax^2$으로 나타낼 수 있고(**그림 1-8**(b)), x^2의 계수가 음수이기 때문에 이 포물선은 위로 볼록하다는 것 또한 알 수 있지. 그러니까 수학을 통해 샤워기에서 나오는 물이 땅을 향해 휜다는 것을 알 수 있어. 일어나고 있는 일을 정확하게 예측할 수 있는 거야!

나는 이 공식이 가장 위대한 중세 시대 과학의 발견 중 하나라고 생각해. 샤워기에서 나오는 물뿐만 아니라, 럭비나 프리스비를 포함한 공중으로 던지는 모든 물체에 적용할 수 있지. 지구 위에서 움직이는 모든 물체는 포물선 모양의 궤도를 따른다는 걸 말해주고 있어. 종교가 세상을 이해하는 지배적인 방식이던 중세 시대의 과학자들은 이러한 결과들을 하나님의 생각을 짧게나마 보는 것과도 같이 여겼어. 그들은 후대의 과학자들이 계속해서 수학을 우리가 사는 세상에 적용해 깊은 통찰을 이루기를 바랐지.

다음 장에서는 갈릴레오의 발자취를 따라 그 시대의 획기적인 발전에 공헌한 아이작 뉴턴에 대해 알아보려고 해. 이제는 책을 읽으면서 미적분이 추상적인 수학 개념이 아니고, 오히려 갈릴레오와 패러데이가 보여주었듯이 수학을 일상 속에서 볼 수 있고, 들을 수 있고, 느낄 수 있다고 생각하게 되었기를 바라. 우리는 "만물은 수이다."라고 말했던 피타고라스의 생각에서 여기까지 오게 되었지만, 다음 장에서는 피타고라스의 격언을 현대판으로 바꿔보려고 해. 즉, "모든 것은 함수이다."

뉴턴의 집에서 아침 식사를 하자

변화는 우리 일상 어디에나 있지.

경제 뉴스 채널의 주식 차트와 내 아침 커피 그리고 비타민과 날씨의 변화까지, 거의 모든 우리 삶이 변화하고 있어.

모든 사람은 아침에 일상적인 일과가 있지. 나는 샤워를 하고 옷을 입으면서 경제 뉴스 채널인 CNBC를 봐. CNBC는 내가 보는 아침 프로그램 중에 가장 수학에 가깝다고 할 수 있어.[i] 한 5분쯤 보고 있으면 금리나 주가, 환율 등이 등락하는 걸 볼 수 있지. 수많은 숫자가 빨간색과 녹색으로 비치고 있을 거야.

수년간 매일 아침에 경제 프로그램을 봐서 이러한 정보의 홍수에 익숙한 나와는 다르게, 내 아내 조라이다는 이 채널을 보면 머리가 아프다고 해. “너무 많은 숫자가 화면에서 이리저리 움직이는데 이건 나한테는 너무 복잡해.”라고 말하곤 해. 나도 동의하지만 CNBC에서 많은 숫자가 변하는 걸 보고 있노라면, 더 깊은 수학

---

i 물론, 넘버스나 프린지, 빅뱅이론 같은 TV 프로그램들도 있지만, CNBC는 하루 종일 한다.

에 대한 힌트를 얻곤 하지. 이전 장에서 내가 설득하려고 노력했듯이, 만약 함수가 세상을 나타낸다면 어떤 함수가 세상이 어떻게 변하는지도 설명할 수 있을까? 수학자들은 이 답을 찾으려고 거의 2,000년을 노력했지. 하지만 걱정하지 마. 이 장을 읽고 나면 '변화 함수'를 어디서나 볼 수 있을 거야.

CNBC 방식으로 알아보는 미적분

어느 날 CNBC에 컴퓨터계의 거인인 애플에 관한 정보가 굉장히 많았지. 새로운 iPhone이 곧 출시된다고 발표되고 나서, 뉴스 앵커들은 주가에 대한 영향을 얘기하면서 애플의 주가(AAPL) 그래프를 보여주고 있었어(**그림 2-1**).

앵커들은 지난 한 해 동안 주당 $221가 오를 정도로 주식시장에서 성과가 좋았다고 하지. 그렇지만 4월 초에 최댓값에 이르고 나서 거의 $25만큼 주가가 감소했다고 말했어. 수학적으로 말하자면 앵커들은 평균 변화율을 말하는 거야. 변화율에 대해 알아보려면 숫자의 단위를 살펴봐야 해. 평균 변화율을 포함한 모든 비율은 단위/단위의 형태를 가지게 되지. 예를 들어, 우리가 속도를 km/

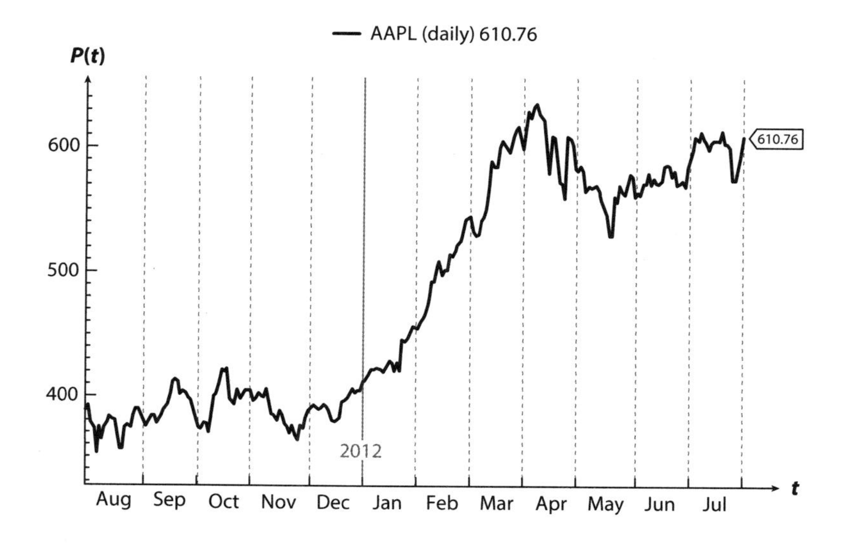

그림 2-1 2012년 7월 31일에 끝나는 회계 연도의 AAPL 주가.
출처 http://www.stockcharts.com, July 31, 2012

h로 측정하는 것과 같이 말이지. 하지만 오늘 아침 같은 경우처럼 몇몇 단위들은 나타나지 않기도 해. 물론 애플의 주가는 달러 단위지만, 앵커가 말한 다른 것들은 어떤 단위일까? 시간이지. ('지난 한 해 동안'과 '4월 초에' 같은 구절에서 힌트를 얻을 수 있어).

하지만 단위를 안다고 해서 우리가 찾고 있는 '변화 함수'가 무엇인지 알 수는 없어. 그러니 조금 천천히 평균 변화율이 무엇인지 정확하게 알아보자.

수학적으로 t가 2011년 7월31일부터 흐른 시간(개월)이라고 한다면, AAPL의 함수는 $P(t)$이고 a달부터($t = a$) b달까지($t = b$) 주가의 평균 변화율(AROC, Average Rate Of Change)은 단순히 주가의 변화를 시간의 차이로 나눈 값과 같아.

$$m_{\text{avg}} = \frac{P(b) - P(a)}{b - a} \tag{2}$$

주가 차트를 다시 보면 차트가 시작할 때($t = 0$) AAPL이 약 \$390에 거래되고 있었고, $t = 8$에는 \$625에, $t = 12$에는 \$610.76에 거래되고 있었다는 걸 알 수 있지. 이러한 값들을 사용해서 지난 한 해 동안 주가가 매달 약 \$18.40 만큼 올랐다는 걸 알 수 있어. 하지만 마지막 4개월 동안은 매달 약 \$3.6만큼 감소했지.[부록 1]

틀림없이 이 평균 변화율은 유용한 정보지만 나는 눈에 보이는 걸 선호하는 사람이야. 만약 평균 변화율을 그래프로 나타낼 수 있으면 더 이해하기 쉬울 것 같아. 다른 리포터가 내 생각을 알았다는 듯이 화려한 터치스크린의 AAPL 차트에 선을 긋고 있어. 이 선은 2011년 7월 31일에 시작해서 2012년 7월 31일에 끝나지. 이제 1

차 함수에 대해 배운 걸 생각해봐. 리포터가 그린 선의 기울기를 계산하는 것은 평균 변화율을 계산하는 것과 같아! (부록 A의 (94)번 공식 참고)

왜 감탄했냐고? 왜냐하면, 평균 변화율을 기하학적 방법으로 계산하는 방법을 찾았기 때문이야. **그림 2-1**의 차트에서 아무 두 점을 찾아 그 사이에 선을 그어. 그다음에 그 선의 기울기를 구하면 그게 바로 두 점의 평균 변화율인거지. 두 점을 이어서 만든 선을 할선이라고 불러.

리포터가 스크린에 선을 다 긋고 나니 AAPL 차트는 마치 축구 전술판처럼 보여. 물론 리포터는 AAPL의 값이 시간에 따라 어떻게 변했는지 잘 알려줬지만, 이 주가가 지금 이 시각에 어떻게 변하고 있는지를 말해줄 수는 없어. 왜 그런지 알아볼까.

수학적으로 평균 변화율 공식 (2)에서 순간적인 상황은 문제가 생기게 돼. 분모에 $b - a$가 있기 때문에 이 공식은 b가 a와 같지 않을 때만 사용할 수 있지. 지금 이 순간의 평균 변화율을 구하려고 하면 분모가 0이 되고 우리는 숫자를 0으로 나눌 수 없잖아. 그렇기 때문에 어떤 순간의 평균 변화율을 구하는 건 순간 변화율(IROC, Instantaneous Rate Of Change)을 구해야 한다는 거지. 어떻게 구할 수 있는지 알아볼까.

일단 시작할 시점을 2012년 4월 1일로 정해보자(이때 $t = 8$이겠지). 그러면 $a = 8$일 거야. 공식 (2)의 분모가 0이 될 수는 없지만, 0에 매우 가까운 숫자일 수는 있지. b를 8에 가까운 숫자로 만들면 원하는 만큼 분모가 0에 가까워질 수 있어.

h를 $t = 8$ 이후에 지난 시간이라고 표시하자. 예를 들어, $h = 1$은 $t = 9$와 같지. 그러면 (2)번 공식은 $t = 8$과 $t = 8 + h$ 사이의 평균 변화율이 다음과 같다고 나타내지.[부록 2]

$$m_{\text{avg}} = \frac{P(8+h) - P(8)}{h} \tag{3}$$

여러 가지 다른(0은 제외) h 값들을 선택해보면 우리는 2012년 4월 1일부터 h만큼 시간이 지나는 동안 AAPL의 주가가 어떻게 변하는지 알 수 있어. 하지만 기하학적으로는 어떻게 설명할 수 있을까?

그림 2-2는 $t = 8$일 때 AAPL의 값을 확대해서 나타내고 있어. 여기에서 파선은 AAPL의 값을 나타내고 얇은 선들은 $h = 0.5$와 $h =$

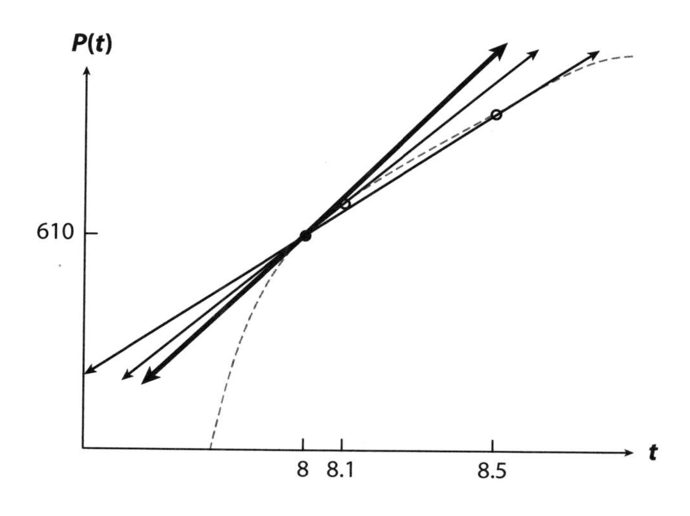

그림 2-2 $t = 8$일 때 AAPL 주가를 확대한 모습

0.1의 두 가지 할선들을 나타내지. h가 0에 가까워지면서 0이 되지는 않도록 점점 작은 h 값을 고르면, 할선은 **그림 2-2**의 굵은 선에 가까워지게 되지. 이 선을 접선이라고 부르는데, 확대해서 보면 이 접선은 그래프와 단 한 점에서만 만나는 것을 볼 수 있어.

기하학적으로 순간 변화율을 구할 방법이 있는 것처럼 보이지. 간단하게 접선의 기울기를 구하면 돼. 이 기울기를 $m(a)$라고 부르는데, 이때 a는 접하는 부분의 x 값을 말해(**그림 2-2**에서 $a = 8$). 그리고 h 값을 점점 줄이면서 평균 변화율을 구하는 방식으로 순간 변화율을 구했으니까 다음과 같이 쓸 수 있지.

$$m(a) = \lim_{h \to 0} \frac{P(a+h) - P(a)}{h} \qquad (4)$$

여기에서 공식의 우변은 "h가 0으로 갈 때 $t = a$와 $t = a + h$ 사이에서 $P(t)$의 평균 변화율의 극한"이라고 읽어.

수학자들은 $m(a)$을 $t = a$일 때 함수 $P(t)$의 도함수라고 부르지. 종종 $m(a)$의 기하학적 중요성을 강조하지 않고 $P'(a)$(P 프라임 a)라고 부르기도 해. 어떻게 이 값을 구했는지 기억하는 측면에서 앞으로 $m(a)$라고 부를게. 두 점의 간격을 줄이면서 할선의 기울기를 구했고, 그 결과 순간 변화율을 기울기로 가지는 접선을 구할 수 있는 건 놀라운 일이 아니야. 도함수 $P'(a)$는 애플의 주가가 매 순간 어떻게 변하는지를 나타내. 하지만 (4)번 공식의 함수를 변경해서 매 순간 변하는 거의 모든 것들을 나타낼 수 있어. 그러니까 '도함수'가 우리가 찾던 '변화 함수'인 거지.

커피에도 극한이 있다

도함수가 순간 변화를 나타낸다는 사실은 굉장히 광범위하게 적용할 수 있는 개념이지. 주방으로 가서 아침으로 무엇을 먹을지 생각해봤어. 이 주방에서 찾아볼 수 있는 함수는 방의 온도 함수 $T(t)$가 있지만, 이건 AAPL의 주가와는 전혀 상관이 없어. 수학의 미학은 우리가 평균과 순간 변화율을 사용해서 변화하는 것들을 이해할 수 있다는 점이야.

나와 같은 사람들은 주방에 들어서는 순간부터 동시에 여러 일을 하기 위한 준비가 되어 있어. 거의 매일 아침 스토브를 켜고 계란 후라이나 오트밀을 만들지. 그동안 점심으로 샌드위치를 챙겨서 오븐에 같이 구워. 당연히 아침을 준비하는 동안 주방은 천천히 커피를 끓이는 향기로운 냄새로 가득해지지. 이러한 모든 '변화'들은 도함수가 존재한다는 조짐을 나타내고 있어. 냄새가 너무 좋아서 일단 커피에 잠깐 집중할게.

나는 커피를 좋아하는 편은 아니지만 약 50%의 미국인들이 커피를 마시는 것으로 추산되니까,[12] 조라이다가 커피를 매우 좋아하는 게 놀라운 일은 아니지. 내가 놀란 점은 커피가 굉장히 빠르게 식는다는 점이야. 컵에 붓고 나서 10분 정도 지나면 상온으로 식어 있어. 자, 우선 아침 커피 한잔에 숨겨져 있는 도함수를 말해줄 게. 커피의 온도 T를 화씨 단위로 측정하고 커피메이커에서 커피 포트를 꺼낸 시간을 분 단위로 t라고 부르자. 내 커피메이커는 커피를 160도 정도로 유지하니까 $T(0) = 160$이라고 할 수 있지. 내가 아주 솜씨 좋게 커피포트를 꺼내자마자 10억 분의 1초 만에 컵에 커피를 흘리지 않고 부었다고 가정해보자. 2분 뒤에 커피에 온도계를 넣었는데 온도는 120도였어. 그렇다면 $T(2) = 120$인 거지. 아직 정보가 조금 부족한 것 같아. 내 주방의 온도는 75도라는 걸 사용해서 온도의 함수 $T(t)$를 다음과 같이 정의할 수 있어.[ii]

$$T(t) = 75 + 85e^{-0.318t} \tag{5}$$

$0 \leq t \leq 25$일 때, 이 지수 함수의 그래프를 **그림 2-3**에 나타냈어.

우리가 처음에 발견하는 점은 온도가 10분 사이에 매우 빠르게 감소한다는 거고, 그 이후에는 굉장히 느리게 감소한다는 점이야.

ii 이 공식은 뉴턴의 냉각 법칙에서 가져왔고 냉각 법칙은 미분 방정식에 속한다.

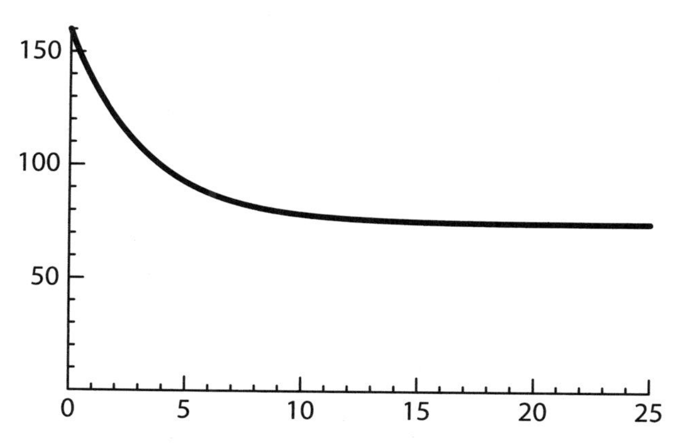

그림 2–3 커피를 컵에 따른 후의 온도 $T(t)$

그 후에는 결국 75도에 다다르는 것으로 보이지(방 온도가 75도이니까 크게 놀랍지는 않지). 그렇다면 우리가 얘기해왔던 도함수를 사용해서 매 순간 커피의 온도 변화를 표현해보자.

첫째로 $0 \leq t \leq 5$일 때는 접선의 기울기가 상당히 큰 음수일 거라고 시각적으로 알 수 있지. 그렇다면 커피를 꺼내고 나서 t분 후의 순간 변화율 $T'(t)$가 음수여서 커피 온도가 감소하는 걸 나타내는 셈이지. 유용한 정보지만 나는 도함수에 대해 알고 싶어. 그러니까 단순한 질적인 관찰에서 더 나아가보자. 즉, 내가 커피포트를 커피메이커에서 꺼낸 순간 얼마나 빠르게 온도가 감소하는지 계산해보자.

수학적으로 우리는 $T'(0)$을 알고자 하는 거야. (4)번 공식에 $a = 0$을 대입하고 함수 $P(t)$를 $T(t)$로 바꿔서 사용해 볼 거야. 공식을 약간 정리하면,[부록 3] 이제 극한을 구하는 것만 남았지.

$$\lim_{h\to 0}\frac{85(e^{-0.318h}-1)}{h} \tag{6}$$

두려워하지 마, 어떻게 시작해야 하는지 이미 알고 있잖아(기억이 나지 않는다면 앞으로 돌아가서 다시 읽을 수도 있고). 점점 더 작아지는 h 값에서 평균 변화율을 계산하는 걸 상상해봐. 이게 바로 우리가 (6)번 공식의 극한을 구하고자 해야 할 일이야.

우선 0이 아닌 숫자를 h 값으로 넣어 결과를 기록해보자. 그다음에는 역시 0이 아니지만, 앞의 h보다 작은 숫자를 사용하는 거야. 이러한 과정의 결과를 **표 2-1**의 극한표에 나타내었어. 우리가 원하는 것은 점점 더 작은 h 값을 대입할수록 결과가 한 숫자에 가까워지는 거지. 그리고 **표 2-1**의 숫자들을 보면 h가 0에 가까울수록 평균 변화율은 -27.03에 가까워지고 있어. 축하해! 이제 수학

표 2-1 $\lim_{h\to 0}\frac{85(e^{-0.318h}-1)}{h}$의 극한표

h	$\frac{85(e^{-0.318h}-1)}{h}$
0.1	−26.6047
0.01	−26.9871
0.001	−27.0257
0.0001	−27.0296
0	정의되지 않음
−0.0001	−27.0304
−0.001	−27.0343
−0.01	−27.073
−0.1	−27.4644

자들이 극한을 구하는 데 사용한 첫 번째 방법을 배운 거야. 엄밀히 말하자면 더 작은 h 값에서 평균 변화율이 27.03이 아닌 다른 숫자에 가까워질 수 있으니까 우리는 극한값을 추정한 거지. 수학자들은 오류가 적게 발생하는 방법을 찾고자 했어(조금 후에 얘기해 줄게). 지금은 나를 믿고 $T'(0)$이 약 −27.03이라고 하자.

자, 모두를 위한 소식을 하나 전해주려고 해. 물론 1분 뒤에 커피 온도는 −27.03도 만큼 감소할 테니까 어떤 사람은 순간 변화율이 분당 −27.03도씩 변한다고 결론지을 수도 있지. 굉장히 합리적

인 생각으로 보이지만 사실 틀린 생각이야. (5)번 공식에서 $T(0) - 27.03$을 계산하고 $T(1)$을 계산해서 두 가지를 비교해보면 둘이 다르다는 걸 알 수 있지. 간단하게 설명하자면 온도가 떨어지는 속도가 일정하지 않다는 것을 뜻해. **그림 2-3**에서 할선의 기울기를 분석한 걸 봐도 알 수 있어. 실제로 극한표를 다시 작성해서 $T'(0.1)$과 $T'(0.4)$를 구할 수 있고, 모든 다른 t 값에서 순간 변화율 또한 구할 수 있어. 이 결과들을 모아서 **그림 2-4**의 그래프를 구할 수 있어.

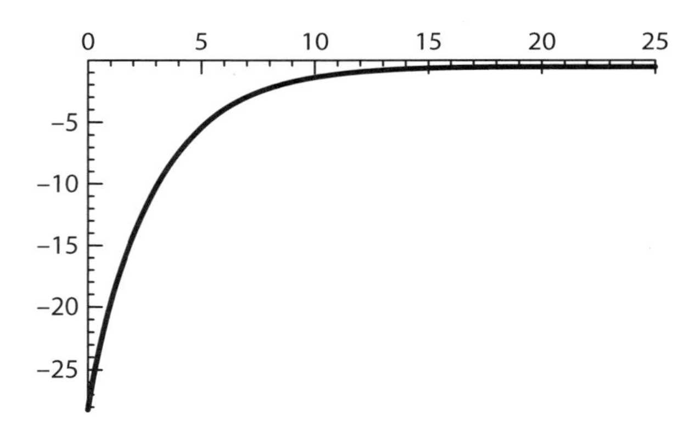

그림 2-4 커피의 온도 $T(t)$의 도함수 $T'(t)$

그림 2-4에 있는 그래프의 y 값들은 주어진 t 값에서 $T(t)$의 도함수를 나타내지. 우리는 $t = 0$일 때 y 값이 -27.03이라는 걸 볼 수 있

지. 이게 $T'(0)$이야. 또한, t가 증가할수록 그래프의 기울기가 0에 가까워진다는 걸 알 수 있어. 이건 **그림 2-3**에서 기울기를 분석하면서 찾아냈던 것과 일치하지. 그렇게 도함수 $T'(t)$를 **그림 2-4**에 나타낸 거야.

이 함수는 말 그대로 $t = 0$과 $t = 25$ 사이의 $T'(t)$들을 모은 거라고 할 수 있어. 어떻게 커피 온도가 매 순간 변하는지 설명해주지. 그렇지만 이제까지와는 약간 다르다고 할 수 있어. 우리는 **그림 2-3**에서 접선의 기울기를 사용해 $T'(t)$를 알아냈지만, **그림 2-4**에서는 y 값 자체들이 접선의 기울기 값인 거지.

내가 어떻게 **그림 2-4**의 그래프를 구했는지 궁금할 거야. "물론 수천 개의 할선 그래프들을 구해서 합쳐놓은 건 아니겠지?" 당연히 그렇게 구하지는 않았어. 훨씬 더 빠른 방법이 있거든. 하지만 다음 장에서 설명할 때까지 기다려주길 바래. 또한, **그림 2-4**에서 $T'(t)$가 t가 변할 때 같이 변한다는 걸 알 수 있어. "잠깐, 도함수 $T'(t)$가 우리가 찾던 변화 함수라면서, '변화의 변화'를 설명하는 건 또 어떤 함수인 거지?"라고 묻는다면 아주 좋은 질문이야. 그것 또한 다음 장에서 설명하도록 할게. 일단 아침부터 먹고 말이야(커피를 다시 덥혀야겠어).

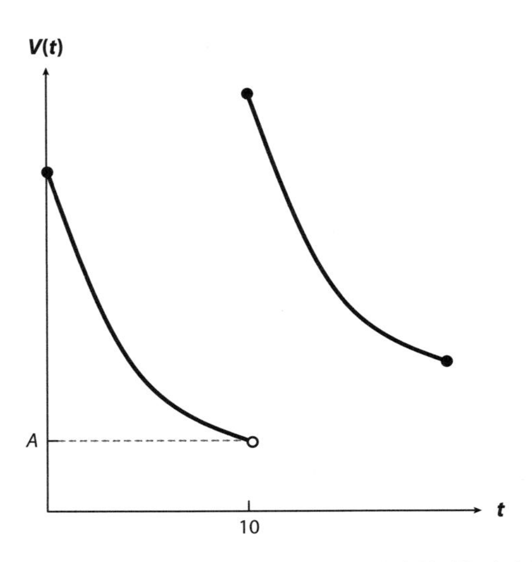

그림 2-5 시간 t에 따른 내 몸 안에 남아있는 비타민/미네랄 함량을 나타내는 함수 $V(t)$

하루에 종합 비타민 하나면 건강 걱정 끝

다른 사람들처럼 나도 매일 종합 비타민을 먹지. 아침을 먹으면서 하나를 먹었어. 이 경이로운 작은 약들은(최소한 내가 먹는 것들은) 소화가 되면서 혈류로 비타민과 미네랄들을 보내주는 가루 형태의 건강식품이라고 할 수 있어. 여기서 수학적으로 주목할 만한 점은 내 몸의 총 비타민/미네랄 함량을 시간 t(시간단위로 측정)의 함수로 나타낸 함수 V가 우리가 이야기해왔던 그래프들과는 다른 그래프를 가진다는 거지(**그림 2-5**).

$t = 0$이 비타민을 먹은 순간이라고 하면 내 몸은 약을 분해하기 시작하겠지. 그러면 약에 남아있는 영양분의 양은 점점 줄어들 거야. 그렇기 때문에 이 영양분의 양은 시간 t에 따라 변하는 거지. 그래서 우리는 영양분 양의 순간 변화율을 도함수라고 생각할 수도 있을 거야. 그렇지만 약 10시간 뒤 내가 저녁에 또 다른 비타민을 먹었을 때 상당히 흥미로운 일이 일어나게 돼. 그 시점에서 순간적으로 사용 가능한 총 영양분의 양이 증가하게 되는 거지.

이게 **그림 2-5**에 나타난 $t = 10$일 때의 '점프'야. 이걸 그래프의 불연속이라고 부르고 $V(t)$가 $t = 10$에서 불연속이라고 하지. **그림 2-5**의 그래프와 **그림 2-1**부터 **그림 2-4**까지의 그래프를 비교해보면 이 용어가 쉽게 이해될 거야. 다른 그래프들은 연속이라고 불러.

이제 $t = 10$에서 $V(t)$가 값을 바꿨지만, 도함수 $V'(10)$은 존재하지 않아. 극한의 정의에서 이걸 확인할 수 있어.

$$V'(10) = \lim_{h \to 0} \frac{V(10+h) - V(10)}{h}$$

h가 양수일 때 극한표는 $V(10)$과 10의 오른쪽에 있는 점들 사이의 기울기로 이루어져 있지. 그렇지만 이 선들은 오른쪽 아래로

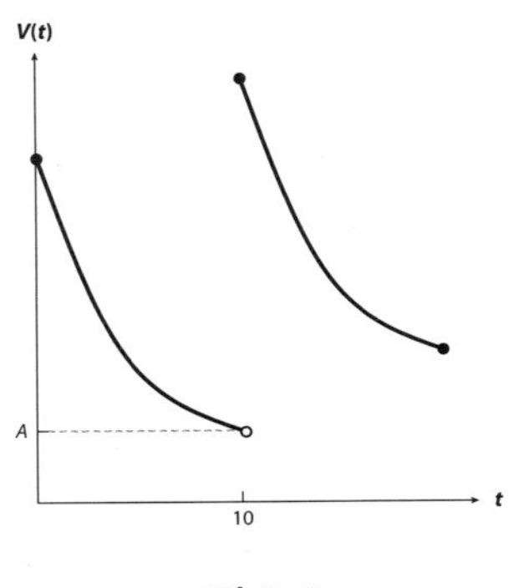

그림 2-5

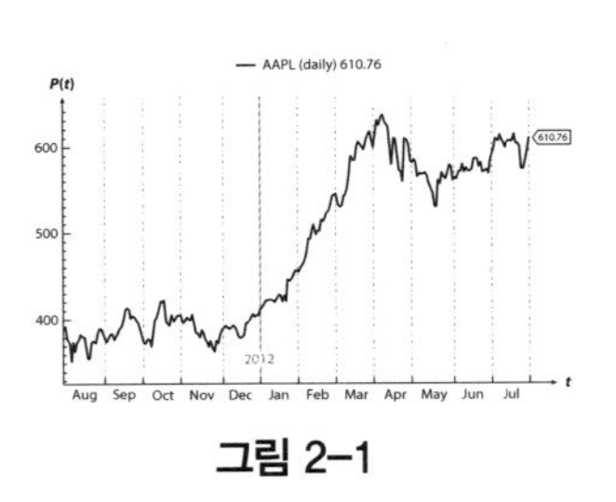

그림 2-1

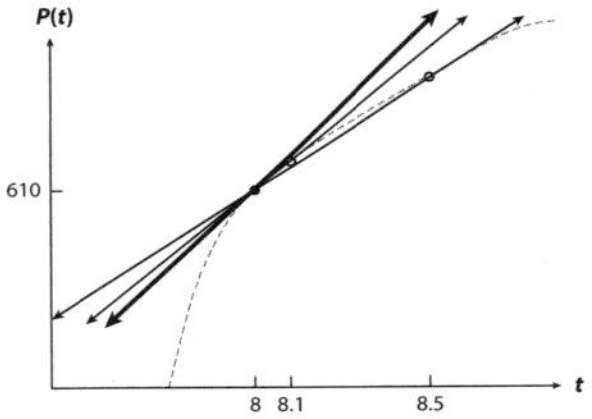

그림 2-2

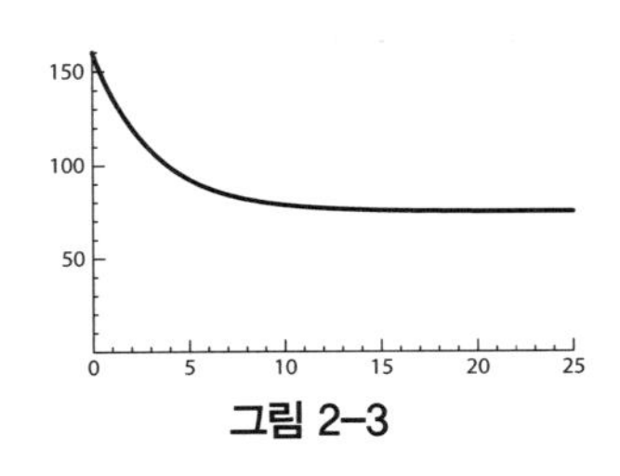

그림 2-3

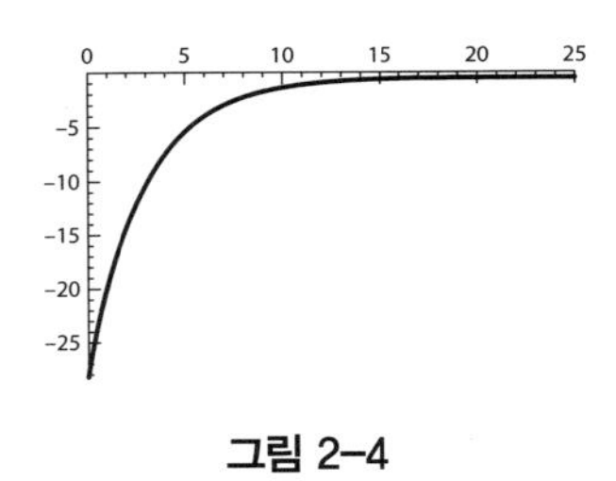

그림 2-4

기울어지니까 기울기가 음수라는 걸 알 수 있지. 반대로 h가 음수일 때는 극한표가 $V(10)$과 10의 왼쪽에 있는 점들 사이의 기울기로 이루어져 있어. 이 점들은 모두 양의 기울기를 가지고 있지. 그렇기 때문에 얼마나 h가 작던지 이 두 기울기가 같은 숫자에 가까워질 수는 없다는 거지.

이 분석은 왜 도함수가 불연속인 점에서는 정의되지 않는지를 보여주고 있어. 그렇다면 불연속 함수를 어떻게 알 수 있을까?

우선 **그림 2-5**의 그래프를 **그림 2-1**부터 **그림 2-4**까지의 그래프들과 비교하면 알 수 있지. 이 두 가지가 다른 점은 우리가 한 점에서 시작해서 그래프를 손을 떼지 않고 그릴 수 있는지에 달렸어(그릴 수 있다면 연속이지). 하지만 이런 연속의 '그림 정의'는 수학적이라고 할 수 없지. 그러니까 연속의 수학적인 정의를 찾아보자.

내가 두 번째 비타민을 먹기 전에 첫 비타민이 얼마나 소화되었는지 알고자 한다면, 직관적으로 그 답은 **그림 2-5**에서 가장 낮은 점의 y 값이라고 할 수 있지. 이걸 A라고 표시했어. 우리는 $t = 10$ 바로 직전의 $V(t)$ 값을 구하려고 하는 거야. 우리가 알고 싶은 건 다음 식이 되겠지.

$$\lim_{t \to 10^-} V(t) \tag{7}$$

이 극한값을 구하기 위해서 커피 문제와 같이 $V(t)$의 극한표를 만들었어. 그렇지만 우리는 두 번째 비타민을 먹기 직전에 남아있는 비타민에 관심이 있기 때문에 우리 극한표의 값들은 $t = 9.9$, 9.99, 9.999가 될 거야. 이게 바로 (7)번 공식에서 10 위에 있는 – 부호가 뜻하는 거야. 즉, '좌극한'이라는 개념을 상기시키기 위해 있는 거지.

극한표에서 얻을 수 있는 극한값은 시각적으로 $t = 0$일 때 y 값에서 시작해서 $t = 10$이 되기 바로 직전의 y 값까지 내려오면 알 수 있는 그 값을 뜻해. 결과적으로 y 값은 직관적으로 알 수 있듯이 A가 되는 거지.

(7)번 공식과 같은 극한은 한쪽 극한이라고 불러. 쉽게 '우극한'의 개념도 정의할 수 있겠지. 이때는 t 값보다 큰 값에서부터 시작해서 t 값으로 다가가면서 y 값을 구하면 돼. 이 극한은 (7)번 공식에서 '–' 기호 대신에 '+' 기호를 가지겠지. 예를 들어, 다음 식과 같이 말이야.

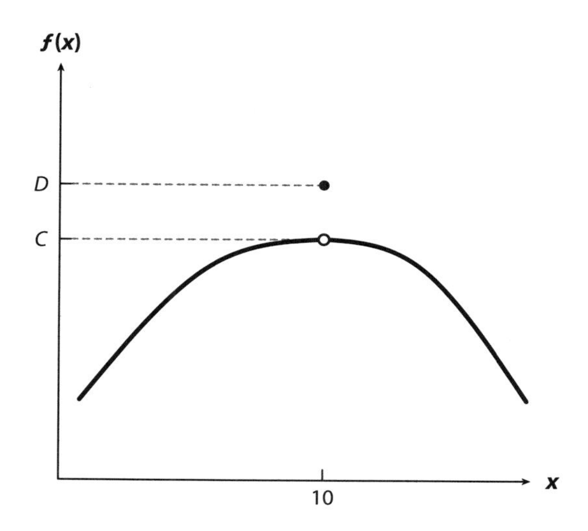

그림 2–6 한 점에서 불연속인 함수를 나타내는 그래프

$$\lim_{t \to 10^+} V(t) \tag{8}$$

그림 2–5를 다시 한 번 보고 우극한을 찾아보자. 답이 $V(10)$일 때의 y 값이라고 생각했다면 정답이야!

이 새로운 개념을 가지고 $V'(10)$의 값이 좌극한과 우극한 값이 다르다는 사실에 집중해보자. 이게 왜 중요한 걸까? 음 $V(t)$가 $t =$

10에서 불연속이라는 점을 기억해봐. 그리고 손을 떼지 않고 그릴 수 있으면 연속이라고 부른다고 했던 것도 기억해봐. 그러면 이제 극한이 함수의 연속과 관련이 있지 않을까 생각한다면 바람직한 방향으로 생각하고 있는 거야. 연속의 '그림 정의'에서 점프가 필요하면 펜을 놓아야 하기 때문에 이 두 가지가 관련이 있는 게 놀라운 일이 아니지. 하지만 이제 수학적으로 연속을 정의할 수 있는 방법이 생긴 거야.

함수가 점프하지 않는다는 건 좌극한과 우극한이 같다는 걸 말해. 하지만 이것만으로는 **그림 2–6**에 나타낸 불연속을 피할 수 없어. 이 예제에서 우리는 x가 10에 다가갈 때, 좌극한과 우극한이 y값 C로 같다는 걸 알 수 있어. 하지만 $f(10) = D$이기 때문에 그래프에 불연속인 틈이 생긴 거야. 틈을 없애려면 x가 a에 다가갈 때, 좌극한 값과 우극한 값이 a에서의 함숫값과 같도록 해야 하는 거지. 정리하자면 함수가 연속하려면 다음 조건이 필요한 거야.

$$\lim_{x \to a} f(x) = f(a) \tag{9}$$

이때, 좌극한과 우극한이 같기 때문에 '+'와 '−' 기호를 더는 쓰지 않아. 그리고 $f(a)$가 숫자라고 가정하고 있어.

이제 함수의 연속을 정확하게 정의할 수 있지. 모든 점에서 이 조건을 만족하는 함수는 점프나 틈이 없기 때문에 펜을 떼지 않고 그래프를 그릴 수 있어.

비타민을 통해 극한을 이해할 수 있었어. 이제 t가 b에 가까워질 때 함수 $F(t)$의 극한은 단순히 그래프를 따라가면 도달하는 y 값이 되는 걸 알았어. 결국, 이 값은 우리가 커피 문제에서 극한표를 통해 얻은 수와 같아. 만약 함수가 모든 정의역에서 (9)를 만족한다면, 연속이고 그래프를 손을 떼지 않고 그릴 수 있어. 만약 내가 비타민을 먹지 않았다고 생각해봐. 이 모든 걸 놓쳤겠지? 농담은 그만하고, 극한은 (4)번 공식에서 알 수 있듯이 미적분학의 기반을 형성하게 돼. 여기에서 중요한 기초를 공부한 거지.

도함수는 변화를 설명한다

비타민의 흡수율에 대해 이야기하면서 또 데워진 커피를 먹는 걸 까먹었어. 다시 데울 수도 있겠지만, 아침을 이미 다 먹어버린걸.

방이 조금 어둡네. 밖에 구름이 껴서 햇빛이 약해져서 점점 어두워지고 있어. 경험상 이런 날씨에는 비가 올 확률이 높은 것 같아.

혹시 모르니 우산을 들고 가야겠어. 아, 얇은 재킷도 하나 챙겨야 겠어. 대체로 보스턴의 7월은 덥지만 내 사무실은 시원한 방향에 자리 잡고 있어서 제법 쌀쌀하거든.

내 마음속에서 이런저런 생각들이 일어나는 중에 새로운 걸 깨달으려고 하고 있어. 변화는 우리 일상 어디에나 있지. CNBC의 주식 차트와 내 아침 커피 그리고 비타민과 날씨의 변화까지, 거의 모든 우리 삶이 변화하고 있어. 그리고 이 장에서 뉴턴 박사 덕분에 변화가 있는 곳에 미적분이(특히 도함수가) 있다는 것을 배웠지.

도함수로 이루어진 모든 것

평균 4,000미터 높이에서 떨어지면서 빗방울의 속도 또한 증가하지.
그러면 빗방울이 떨어지면서 속도와 무게가 증가하는데,

왜 내 우산을 뚫고 들어오지 않는 걸까?

아직은 출근할 준비가 되지 않았어. 마지막으로 담갈색부터 검은색까지 쭉 늘어서 있는 신발 컬렉션에서 신발 한 켤레를 골라야 해. 종종 아무거나 꺼내곤 하지만, 비가 오기 시작했으니까 잘 신지 않는 방수 신발을 신으려고 해. 그렇게 신발을 신고 우산을 들고 집을 나섰지.

문을 열어보니 난장판이었어. 비가 퍼붓고 있어. 우산이 없는 사람들은 비를 피할 곳을 찾아 뛰어다니고 있고, 지나가는 차들이 물을 튀길까 싶어 피하려고 하고 있네. 1장에서 설명했던 전자기파와는 다르게 여기에는 일관된 원리가 없는 것처럼 보여. 하지만 떨어지는 빗방울이나 지나가는 차를 포함해 여기에 있는 모든 것이 변하고 있다는 걸 깨달았어. 이제 내가 할 수 있는 최선은 2장의 격언 “변화가 있는 모든 곳에 도함수가 있다.”처럼 이 광경에서 각각의 변화에 맞는 도함수를 찾는 거지.

앞서 말했던 갈릴레오는 공식을 찾고 나서 연구하는 걸 그만두지 않았어. 1장에서 배웠듯이 그는 단순하게 움직임을 '수학화'한 것만이 아니라, 그의 공식을 연구해 물체의 움직임을 이해하는 데 성공했지. 그는 공식을 통해 포물선 움직임을 추론할 수 있었는데, 이건 갈릴레오 이전에 누구도 설명할 수 없었던 거야. 나는 종종 내 학생들에게 갈릴레오처럼 그들이 공부하는 수학이 그들에게 '말을 하는 것'을 앉아서 듣고 공부하라고 하지. 지금이 이 말을 하기에 좋은 타이밍이었던 것 같아. 밖의 모든 소란을 새로운 방식으로 바라보기 시작하면서부터 도함수를 사용해 뭐가 실제로 일어나고 있는지 알아보려고 해.

어떻게 비 오는 날 살아남을 수 있는 걸까?

물이 사방에 고여 웅덩이가 생기기 시작해서 나는 조심히 내 차를 향해 걸어갔지. 그 사이에 수천 개의 빗방울이 내 우산에 떨어지고 있어. 하지만 우산이 수백 미터 상공에서 떨어지는 비로부터 나를 지켜주고 있지. 처음엔 그리 놀랍지 않았지만, 곧 한 방울 비가 떨어지면서 지나는 경로를 생각해보기 시작했어.

대부분 빗물은 평균 4,000미터 높이에서 떨어져. 떨어지기 시작하면서 다른 물방울과 합쳐지게 되지. 마치 만화에서 산 위에서 눈덩이를 굴리면 눈이 점점 커지는 것처럼 말이야. 이 과정을 '병합'이라고 부르는데, 이걸 통해서 물방울의 크기와 무게가 늘어나게 돼. 떨어지면서 물방울의 속도 또한 증가하지. 그러면 물방울이 떨어지면서 속도와 무게가 증가하는데, 왜 내 우산을 뚫고 들어오지 않는 걸까? 수천 개의 물방울이 떨어지면서 내 우산을 망가뜨린다면 나도 무사하지는 못하지 않을까? 도함수가 이 질문의 답을 찾는 데 도움을 줄 거야.

간단하게 물방울이 구 형태라고 생각하면서 시작해보자. 물방울들이 떨어지면서 다른 방울들과 합쳐지고 물방울의 질량도 증가하게 될 거야('눈덩이 효과'를 생각해봐). 아하! 물방울의 무게가 변하고 있어. 2장의 격언에 따르면 도함수가 여기에도 있겠지. 문제를 수학적으로 생각해보면서 도함수를 찾아보자.

$m(t)$가 시간 t 후의 질량을 나타낸다고 해보자. 시간은 초 단위로 잴 거야. 질량이 증가한다는 건 $m'(t)$, 즉 질량의 순간 변화율이 양수라는 거겠지.[부록 1] 이제 병합 현상을 수학화해보자. 직감적으로

우리는 물방울이 클수록 더 자주 작은 물방울들과 결합할 거라고 예상할 수 있어. 달리 말하면 물방울의 질량이 증가하는 건 얼마나 지금 물방울이 무거운지에 의존한다는 거지. 수학적으로 말하자면 $m'(t)$는 물방울의 질량 $m(t)$에 비례한다는 거야.[i]

$$m'(t) = 2.3m(t) \tag{10}$$

빗방울의 질량이 양수이기 때문에 이 공식은 $m'(t) > 0$을 만족하지. 이제 우리가 수학화해야 하는 부분은 증가하는 빗방울 속도의 영향이야. 이때, 질량과 속도를 가진 물체는 운동량(Momentum)을 가져.

운동량은 우리가 잘 알고 있는 것 중 하나라고 할 수 있어. 럭비 선수가 높이 뜬 공을 잡으려는 그림이 생각나는군. 반대편의 선수들은 공을 받은 선수에게 태클하려고 매우 빠르게 움직이고 있지. 선수의 중량 $m(t)$와 빠른 속도 $v(t)$는 매우 큰 운동량을 가지겠지. 운동량은 물체의 질량과 속도를 곱한 값과 같아($m(t) \cdot v(t)$). 위대한 과학자인 아이작 뉴턴은 물체의 운동량 변화를 물체에 작용하

---

i 숫자 2.3은 실험을 통해 구한 숫자이다.

는 힘과 연관짓는 수학적인 방법을 제시했지. 지금 이야기하는 게 바로 뉴턴의 제2 법칙이야.

$$F_{\text{net}} = p'(t), \quad \text{이때} \quad p(t) = m(t)v(t)\text{는 물체의 운동량} \qquad (11)$$

이 물리 법칙은 질량 $m(t)$를 가진 물체에 작용하는 합력이 그 물체의 운동량 $p(t)$를 $p'(t)$만큼 변하게 한다고 나타내지.[ii] 이 법칙은 럭비 선수나 빗방울을 포함한 모든 물체에 적용할 수 있어. 다행스럽게도 빗방울은 럭비 선수만큼 무겁지는 않지. 하지만 수천 미터 상공에서 떨어지기 때문에 우산에 떨어질 때 속도 $v(t)$가 매우 크지는 않을까? 이 모든 이론을 가지고도 아직 왜 우리가 빗방울을 맞고도 살 수 있는지를 설명하지 못했네.

뉴턴 박사를 따라 빗방울이 떨어질 때 운동량의 변화를 살펴보자. 중력의 힘이 빗방울을 지구 쪽으로 당기고, 뉴턴의 제2 법칙

---

ii 더 많이 알려진 뉴턴의 제2 법칙의 형태는 $F_{net} = ma$인데, 이때 a는 물체의 가속도다. 질량이 일정한 물체의 경우 $p(t) = mv(t)$이고, $p'(t) = mv'(t) = ma$이다. 가속도는 속도의 도함수이다. 그렇기 때문에 $F_{net} = ma$는 우리 문제에서 사용한 뉴턴 공식과 서로 같다.

을 통해 합력 $F_{net} = ma$라는 걸 알 수 있지. 이 힘을 $F_g = m(t)g = 9.8m(t)$라고 나타내자. 여기에서 중력 가속도는 9.8m/s^2이니까 대입하면 (11)번 공식은 다음과 같이 변하지.

$$p'(t) = 9.8m(t) \tag{12}$$

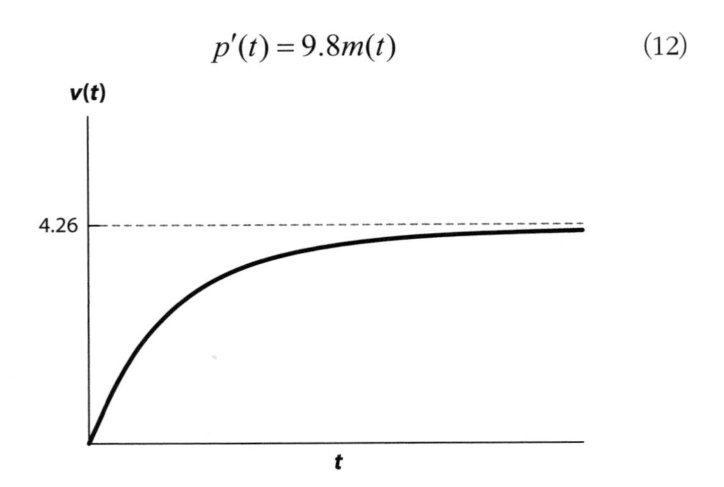

그림 3–1 떨어지는 빗방울 속도의 그래프

이 공식과 (10)번 공식을 합치면 드디어 우리가 원했던 속도의 함수를 구할 수 있어.[부록 2]

$$v(t) = \frac{9.8}{2.3}(1 - e^{-2.3t}) \tag{13}$$

자, 이제 수학을 끝마쳤으니 이야기해볼까. 이 $v(t)$를 그래프 계산기(Graphing Calculator)에 넣으면 (wolframalpha.com같은 웹사이트에 넣어도 좋아), **그림 3-1**에 그려진 그래프를 얻을 수 있을 거야. 나타낸 그래프는 빗방울이 떨어지면서 속도가 $9.8/2.3 \approx 4.26$m/s에 점점 가까워진다는 걸 나타내지. 실제로 이 속도를 넘지는 않는 것 같아. 이걸 수학적으로 증명할 수 있지만,[부록 3] 더 중요한 건 이 결과에 따르면 빗방울의 속도가 결국 어떤 것에 의해 증가하는 걸 멈춘다는 거야. 원인이 대체 무엇일까? 이 질문에 답하려면 아인슈타인이 사랑했던 기법을 사용해야 해. 바로 실험이지!

고속도로를 달리는 차 안에 있다고 상상해봐. 속도가 상당히 빨라서 창문을 열면 바람이 매섭게 부는 소리를 들을 수 있지. 손바닥을 아래로 향하게 해서 창문 밖으로 손을 뻗으면, 손이 뒤로 밀리는 걸 별로 느낄 수 없을 거야. 하지만 손바닥을 땅에 수직이 되도록 돌리기 시작하면 손이 뒤로 밀리게 되지. 손을 뒤로 미는 힘이 바로 공기의 저항이야. 이 힘의 크기는 손바닥을 돌려서 노출된 면적을 늘릴 때에만 증가하지.

말하자면 빗방울이 떨어지고 크기가 커지면서 면적도 같이 증가한다는 거야(눈덩이를 상상해봐). 손바닥처럼 더 커진 면적은 더 큰 공기 저항을 받아서 빗방울의 가속도를 줄이게 돼. 결과적으로 가속도가 0이 되고, 이건 속도가 증가하다가 멈추게 된다는 걸 뜻하지. 이 속도를 우리는 최종 속도라고 부르는데, **그림 3-1**에 나타낸 것처럼 약 4.26m/s(또는 15.34km/h) 정도가 되지. 간단하게 말하자면 공기 저항이 (13)번 공식에서 확인한 저항력이라는 거지.

하지만 병합은 어떻게 된 걸까? 빗방울의 질량이 증가하는 것도 멈추는 걸까? 여기에서 또다시 공기 저항이 우리의 일을 줄여주지. 빗방울은 공기 저항을 겪으면서 수차례 작은 부분으로 나누어지게 되니까, 빗방울이 내 우산에 닿을 때면 대부분 물방울의 무게는 0.318그램밖에 안 된다는 거야. 최악의 경우를 생각해서 빗방울이 나뉘지 않는다고 가정하더라도 이 빗방울들은 우산에 닿을 때 약 15.34km/h의 속도로 이동하고 있지. 여기에 질량도 작아서 빗방울 각각의 운동량은 내 우산에 살짝 부딪혀 튕겨나가기 충분하다는 거야. 그러니까 공기 저항이 우리 모두를 살린 거야. 물론 진흙탕도 만들어지지 않았으면 좋겠지만, 이건 내 방수 신발이 해결해 주겠지.

정치에도 도함수가 있는 걸까 아니면 도함수에 정치가 포함된 걸까?

이제 차에 무사히 도착했어. 우산을 접고 키를 꽂고 차에 들어가려고 하고 있지. 차에 들어왔지만, 아직도 빗속에서 갈 길은 멀어. 날씨와 관련된 충돌 사고 대부분이 비와 관련되어 있는 걸 고려하면,[13] 통계적으로 비 오는 날은 운전하기에 가장 위험한 날씨지. 또 비가 오면 고속도로 평균 속도가 3%에서 13%까지 낮아져. 다행히 시간이 조금 남아서 늦게 도착하지는 않을 것 같아.

라디오를 켜고 항상 믿고 듣는 WBUR-FM을 켰어.[iii] 리포터는 실업률에 대해 이야기하고 있군. 민주당은 최근 실업률이 줄어들고 있는데 이것이 경제에 좋은 신호라고 말하고 있지. 반면에 공화당은 줄어드는 속도가 감소하고 있기 때문에 다른 문제가 일어나고 있는 거라고 반박하고 있어. 마지막 문장이 내 귀에 꽂혔지. 변화에 대해 말한 것이 아니라, 변화가 어떻게 변하고 있는지를 말한 거야. 지금쯤이면 이게 도함수라는 걸 알고 있을 테니까, 어떻게 이 도함수의 변화를 이해할 수 있을까? 도함수의 도함수일까? 자, 수학적으로 이 질문을 해결해보자.

---

iii 나 또한 음악을 듣는다. 나는 뉴스 중독자가 아니다.

실업률을 $U(t)$라고 할 때, 우리는 $U'(t)$가 어떻게 $U(t)$가 변하는지 설명한다는 걸 알고 있지. 하지만 $U'(t)$의 변화는 어떻게 설명할 수 있을까? 사실 상당히 간단해. 예를 들어, $U'(t)$에 다른 이름 $V(t)$를 붙이면 되지. U로 설명하자면 $U'(t)$가 $U(t)$가 변하는 걸 설명하니까 $(U'(t))'$은 $U'(t)$가 변하는 걸 설명한다고 할 수 있지. $(U'(t))'$이 뭐냐고? 이게 바로 2차 도함수야. 보통 $U''(t)$라고 많이 쓰지. $U'(t)$가 $U(t)$의 변화를 설명했듯이, 이 새로운 함수가 $U'(t)$의 변화를 설명해줄 거야.

좋아, 글로는 정리를 마쳤어. 위로가 되는 사실이 있어. $U'(t)$와 $U(t)$의 관계에 대해 우리가 아는 모든 건 $U''(t)$와 $U'(t)$의 관계에도 그대로 적용될 거야. 실업률로 돌아가서 최근에 실업률이 감소한 것은 $U'(t) < 0$이었다는 걸 알 수 있어.[부록 1] 하지만 공화당 측이 지적하듯이 이 비율이 점점 느려지고 있어. 만약 $U'(t)$가 음수지만(예를 들어 -10), 점점 작아진다면(-9), 이건 증가하는 함수야. 그러니까 $U'(t)$의 변화 함수인 $U''(t)$는 양수라는 거야.

우리는 이런 종류의 변화를 본 적이 있어. 2장에서 내 커피의 온도에 일어나던 현상과 정확하게 같아. 사실상 공화당이 말하는 건 실업률 $U(t)$의 그래프 모양이 **그림 2-3**에 나타낸 그래프와 비슷하다는 거야! 내 커피 온도가 정치나 실업률과 관련이 있는지 누가 알았겠어? 변화하는 모든 게 도함수를 동반한다는 걸 아는 너는 물론 예상하고 있었겠지?

실업률을 통해 그래프의 곡률을 배워보자

우리가 방금 한 건 정말로 주목할 만한 일이야. $U''(t)$와 $U'(t)$에 대한 정보를 사용하고 경험을 통해 $U(t)$의 그래프를 추측할 수 있었지. 이건 우리가 이제까지 해왔던 것과 완벽하게 반대가 되는 일이기도 해. 이제까지 항상 함수로 시작해서 도함수를 계산했지. 그러니까 여기에서 중요한 건 수학을 통해 새롭고 잠재적으로 중요한 함수들 사이의 관계를 배울 수 있다는 거지. 이게 바로 1차 도함수와 2차 도함수야. $f'(a)$의 정의를 사용해 어떤 일이 일어나고 있는지 살펴보자.[부록 4]

$$f'(a) = \lim_{x \to a} \frac{f(x) - f(a)}{x - a} \tag{14}$$

이제 x가 a에 가까워지면,[부록 1] 다음 식을 얻을 수 있어.

$$f'(a) \approx \frac{f(x)-f(a)}{x-a}, \quad \text{즉} \quad f(x) \approx f(a)+f'(a)(x-a) \quad (15)$$

이 근사치를 더 자세히 이해하고자 **그림 3-2**에 나타낸 시각적 그래프를 살펴보자. **그림 3-2**를 보면 $f(a) + f'(a)(x - a)$가 $b + m(x - a)$의 형태이기 때문에, x의 1차 함수라는 걸 알 수 있지. 하지만 1차 함수만 관련된 게 아니야. 정확하게 말하자면 점$(a, f(a))$의 접선 공식이지.[부록 5] 그러니까 (15)번 공식은 실제로 접선의 y 값(**그림 3-2**의 점)을 구해서 $f(x)$의 y 값(**그림 3-2**의 별표)의 근사치를 구하는 거야. 이런 과정을 '선형화(Linearization)'라고 부르고, 이러한 이유로 도함수 $f'(a)$는 $x = a$ 근처에서 $f(x)$를 선형화하는 거야.

일단, 접선 이야기에서 조금 벗어나서 이 선형화가 얼마나 굉장한 건지 설명할게. 실업률에 대해 이야기하면서 운전을 하고 있었는데, WBUR-FM이 신호를 송신하는 데 사용하는 라디오타워 방향에서 멀어지고 있었지. 아마 한 5마일 정도 떨어져 있었을 거야. 하지만 1분 뒤면 6마일 정도 멀어져 있겠지. 1장에서 신호 세기의 함수 $J(r)$을 기억한다면, 타워에서 거리가 멀어지면 내 라디오가 받는 WBUR-FM의 신호가 줄어든다는 걸 알고 있겠지. 하지만 얼마나 줄어들까? 선형화를 사용해서 $J(r)$의 변화를 구해보자.

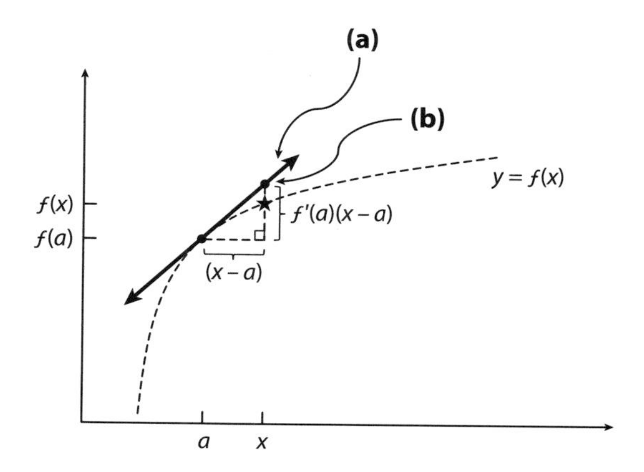

그림 3-2 (a) 점$(a, f(a))$에 접하는 접선 (b) x에서 접선의 y 값은 $f(a) + f'(a)(x - a)$이다. 이 y 값이 실제 $f(x)$ 값(그래프의 별표)에 가까워지는 걸 볼 수 있다.

우선 $a = 5$, $x = 6$이라는 걸 알고 있고, $f(x) = J(x)$라고 하자($J(x)$는 1장의 (1)번 공식 참고). (15)번 공식에 따르면 세기의 변화는 $J(x) - J(a)$인데, 도함수 $J'(a)$에 거리의 변화 $x - a$를 곱한 값이지.[부록 6]

$$J(6) - J(5) \approx J'(5)(6-5) = -5.9 \times 10^{-6} \quad \text{W} / \text{m}^2$$

가장 먼저 발견할 수 있는 건 이 숫자가 음수라는 점인데, 내가 타워에서 멀어질수록 세기가 줄어든다는 것을 뜻하니까 그 부분은 맞다고 할 수 있어. 두 번째로 발견한 점은 이게 얼마나 작은 숫자

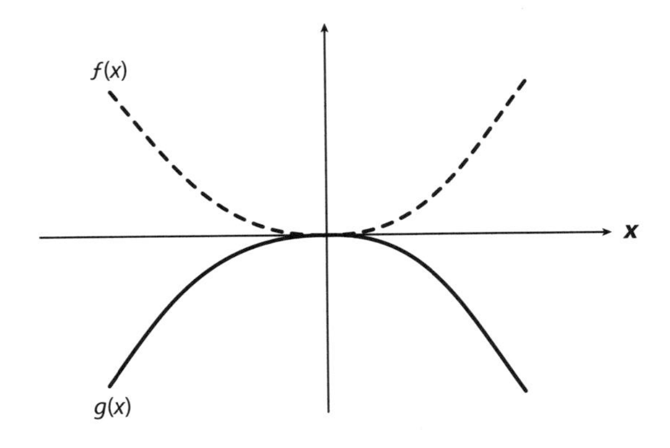

그림 3-3 $x = 0$ 근처에서 $f(x) = x^2$과 $g(x) = -x^2$의 그래프

이냐는 거야. 5.9를 100만으로 나눈 숫자이지. 라디오가 여전히 잘 들리는 걸 보면, 그런 작은 세기의 변화는 크게 걱정할 필요 없이 운전하면서 라디오를 들을 수 있다는 것을 뜻해.

이제까지 $f'(x)$가 ① 접선과 만나는 점에서 그래프의 기울기를 말한다는 것과 ② 그 점 근처에서 선형화된다는 것을 발견했어. 하지만 아직 이 새로운 지식을 $f''(x)$에는 적용하지 못했지. 우선 두 함수 $f(x) = x^2$과 $g(x) = -x^2$을 고려해보자. $x = 0$일 때 두 함수의 도함수는 다음과 같아.[부록 7]

$$f'(0) = 0, \quad f''(0) = 2, \quad g'(0) = 0, \quad g''(0) = -2 \tag{16}$$

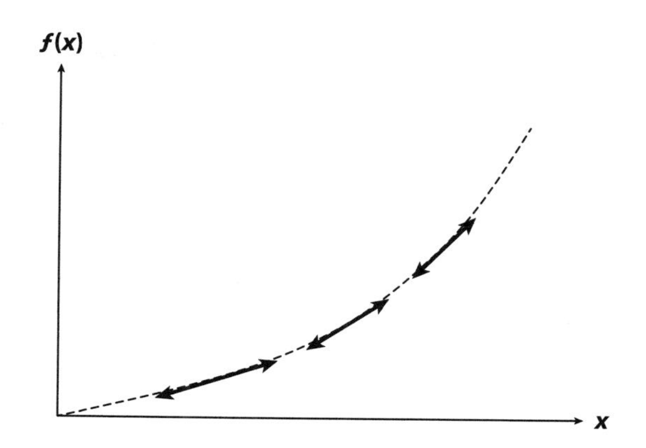

그림 3–4 어떻게 f, f', f''이 연관되는지 나타낸다. $f''(x) > 0$이면(이 커브 전체에서) $f'(x)$(x에서 접선의 기울기)는 증가한다. 그러므로 x가 증가하면서 $f(x)$의 그래프의 기울기가 급해지고 위를 향해 커브를 그리게 된다.

두 함수 모두 $x = 0$에서 도함수 값이 0이니까 선형화하게 되면 $x = 0$ 근처에서 두 그래프가 비슷하게 평평하다고 할 수 있지(기울기가 0에 가깝다는 말이야). 하지만 **그림 3–3**에서 볼 수 있듯이 $f(x)$의 그래프는 위로 향하고 $g(x)$의 그래프는 아래를 향하고 있어. 1차 도함수는 이러한 차이를 발견하지 못했어. 이게 바로 왜 2차 도함수가 그래프의 곡률과 관련 있는지에 대한 힌트인 거지.

이 관계를 찾기 위해 **그림 3–4**의 그래프를 참고해보자. $f''(x)$가 $f'(x)$의 도함수니까 $f''(x) > 0$일 때 $f'(x)$가 증가하고 있다는 걸 알 수 있지. $f'(x)$가 $f(x)$ 그래프의 접선의 기울기니까 $f(x)$는 위쪽으로 커브를 그리면서 증가한다는 걸 알 수 있어(**그림 3-4**). 반대로 $f''(x) < 0$이면 비슷하게 $f(x)$가 아래로 커브를 그리면서 감소한다고 할 수 있지.

미적분학에서 우리는 $f''(x) > 0$일 때 함수가 아래로 볼록하다고 하고, $f''(x) < 0$일 때 함수가 위로 볼록하다고 말해. 예를 들어, **그림 3-2**의 함수는 위로 볼록하고, **그림 3-3**의 함수는 아래로 볼록하지. 어떤 점 $x = c$에서 함수의 오목한 면이 바뀐다면, 그 점 $x = c$를 변곡점이라고 불러. 예를 들어, 부록의 **그림 A-3**(a)의 함수에서 $x = 0$이 변곡점인 거야.

이 새로운 수학들은 내가 라디오를 들으면서 실업률에 대해 이야기하면서 영감을 받았지. 이제 $f''(x)$를 배우면서 어떤 새로운 수학을 배웠을까? 수학적으로 '그래프의 곡률'이라는 표현 말고, 2차 도함수를 물리적으로 해석할 수 있을까? 자 이제 다시 출근길에 오르면서 살펴보도록 하자.

폭증하는 미국의 인구

비가 와서 조금 늦어지긴 했지만 그건 이미 예상하고 있었어. 또

아주 무서운 교통 체증도 역시 예상하고 있었어. 나는 이제 곧 차가 꽉 찬 도로에서 굼벵이처럼 움직이고 있을 거야.

2011년에 전국적으로 미국인 운전자는 교통 체증 때문에 평균 38시간을 허비했다고 해.[14] 이걸 근무 일수로 따져보면 매일 8.8분이지. 하루에 9분 정도는 크게 보이지 않을 수 있지만, 대부분 도시인들은 이 시간을 정말 오랜 시간처럼 느껴. 교통 체증에 갇혀 일어나는 막대한 재정적 손실은 2007년에 약 $1,210억 달러(약 133조 원)로 추정하고 있어.[15] 왜 이걸 고치지 않을까? 또다시 한 1미터 정도 나아가면서 평균 9분을 세어 나가고 있었지. 주변을 돌아보니까 차가 너무 많아! 물론 카풀(Carpool)을 한다면 도움이 되겠지만, 그것도 한계가 있어. 더 근본적인 문제는 증가하는 인구 수준이야. 이 변화 또한 관련된 도함수가 있겠지만, 실업률 분석처럼 인구 수준도 관련된 2차 도함수가 유용할까? 문제를 수학적으로 풀어보자. 1900년도 이후의 미국 인구 그래프로 시작해보자(**그림 3-5**).[16] 그래프의 커브와 대략 들어맞는 지수 함수를 넣어놓았어. 왜 지수 함수인지 궁금해할 수 있으니까 간단하게 설명해줄게.

자, 현미경을 보고 있는 과학자라고 상상해봐. 하나의 박테리아가 담겨 있는 페트리 접시(실험에 쓰이는 넓적한 원형 접시로 샬레라고도 함)

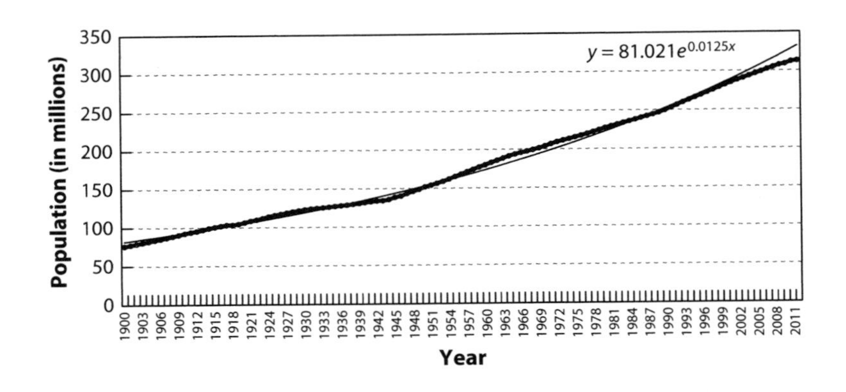

그림 3–5 1900년 이후 미국 인구. 출처 http://www.ceusus.gov/popest/data/historial

를 보고 있어. 박테리아는 빠르게 분열하면서 숫자를 늘리는데 거의 10분마다 두 배로 늘어나. 그러니까 10분 뒤에는 한 마리 박테리아가 두 마리로 증가할 거야. 두 마리 박테리아를 2^1이라고 써서 표시할게. 자, 커피를 마시고 10분 뒤에 돌아오자. 이제 4마리가 되었지 2^2이라고 쓸게. 다른 실험을 하는 동안 네 마리 박테리아는 또 분열해서 2^3마리가 되었을 거야. 계속해서 두 배가 되겠지. 10분이 x번 지난 다음에는 2^x마리가 될 거야. 간단히 말하면 이렇기 때문에 보통 인구 증가가 지수 곡선을 따른다고 할 수 있지.

그림 3-5에 있는 곡선의 공식은 $y(x) = 81.021e^{0.0125x}$이야. 일단 간단한 사실을 말해줄게. 미국의 인구는 매년 1.25% 정도 증가하고 있어. 하지만 수학은 더 많은 정보를 포함하고 있지. 예를 들어, 우리가 정의한 언어에 따르면 $y(x)$는 증가하고 있고 아래로 볼록할 거야. 그렇다면 1차 도함수와 2차 도함수 모두 양수가 되겠지. 그러니까 인구 수준이 증가하고 있을 뿐만 아니라($y'(x) > 0$), 인구 수준이 증가하는 비율 또한 증가하고 있다는 거지($y''(x) > 0$). 특히나 이건 작년에 증가한 인구보다 내년에 증가할 인구가 더 많다는 걸 뜻해. 왜 이렇게 도로가 막히는지 놀랍지가 않군!

도함수를 느껴보자

몇 분 더 교통 체증에 시달리고 나서 속도계를 보니 드디어 10km/h가 넘는군. 내 속도 $v(t)$는 증가하니까 $v'(t) > 0$이 되겠지. 속도는 위치 함수의 도함수니까 $v(t) = s'(t)$이고 $v'(t) > 0$이라는 건 $s''(t) > 0$이라는 거지. 다르게 말하자면 나는 2차 도함수 $s''(t)$를 느끼는 거야. 어떻게? 라고 물을 수 있지. 뉴턴 박사에게 다시 한번 물어보자.

재미 삼아 정교한 가발을 쓴 뉴턴이 개조된 레이싱카에 앉아있는 걸 상상해보자. 이 차는 정지 상태에서 100km/h까지 4초면 가속할 수 있지. 뉴턴이 탄 차가 출발하려고 하고 있어. 하지만 출발하기 직전까지는 앉아 있는 의자에서 어떤 힘도 느낄 수 없지. 차가 출발하는 순간부터 속도가 변하기 시작할 거야. 이제 차가 가속하기 때문에 운동량 p 또한 변하고 있지. 그렇다면 p' 또한 0이 아니라고 할 수 있지. 이제 뉴턴의 제2 법칙을 사용하면 의자에서 뉴턴을 밀고 있는 힘 F를 구할 수 있어. 뉴턴의 시점에서 그는 의자 쪽으로 밀리는 것처럼 느끼고 있을 거야.

이제 가속도 함수 $a(t)$가 속도 함수 $v(t)$의 변화를 나타내니까 $a(t) = v'(t)$라고 할 수 있어. 그러면 $v(t) = s'(t)$인 것을 알고 있으니까 이를 합치면 다음 식을 얻을 수 있지.

$$a(t) = s''(t) \tag{17}$$

그러니까 가속도는 위치 함수의 2차 도함수라는 거야. 이게 바로 우리가 찾던 $f''(x)$의 물리적 해석이라고 할 수 있어. 물체의 위치 함수 $s(t)$의 2차 도함수를 찾으면 바로 가속도라는 거야. 이제 뉴턴의 흥미로운 자동차 체험을 다음과 같이 정리해보자. 뒤로 밀리는 듯이 느낄 때마다 자동차 위치 함수의 2차 도함수를 느끼고 있는 거지.

시간 여행의 미적분

불행하게도 내 앞에 더 심한 교통 체증이 보이고 있어. 또다시 9분을 더 기다릴 수 없을 것 같아서 다른 길로 출근할 방법을 찾고 있어. 대부분 사람들은 다른 사람들한테 물어서 새로운 길을 찾고는 하지. 요즘에는 차에 설치된 내비게이션에 물어볼 수 있어. 이 전자 기기는 GPS 시스템에 기반을 두는데, GPS는 전 지구 위치 파악 시스템(Global Positioning Satellite Network) 또는 위성을 통해 내 위치를 찾고 어떻게 가고 싶은 곳으로 갈 수 있는지 알려줘. 한번 버튼을 누르면 GPS 기기가 내 위치를 찾고 내 주변의 지도를 보여주지. 내 차의 위치를 추적하면서 다른 길을 안내해주고 있어. GPS 시스템이 계속 새로운 길을 가르쳐 준다면, 곧 나는 조금 덜 번잡한 도로로 갈 수 있을 거야. 우리 대부분은 내가 방금 그랬듯이, 이 장치를 당연하게 여기며 사용해. 하지만 믿거나 말거나 이 장치에 숨겨진 으스스한 사실은 우리가 현실에 대해 생각하는 걸 완전히 바꾸게 될 거야.

처음에 알 수 있는 사실은 내 GPS가 우주에 있는 GPS 인공위성과 빛의 속도 c로 이동하는 신호를 통해 교신하고 있다는 거지(놀랍게도 빛은 1초에 299,792Km를 이동할 수 있어). 이 인공위성들은 시속 13,946Km 정도의 속도로 지구의 궤도를 돌고 있지. 이건 빛의 속도보다 한참이나 낮은 속도야. 그렇기는 하지만 아인슈타인은 물체가 c에 가까운 속도로 움직일 때, 많은 이상한 일들이 일어난다는 것을 1905년에 보여주었지. 아인슈타인이 발견한 걸 고려하면서 두 가지 같은 시계를 상상해봐. 하나는 속도 v로 이동하는 비행기 안에 있고 하나는 땅에 있어. 기장이 본인 시계를 사용해 비행시간 y를 잰다고 가정해보자. 아인슈타인은 지구에서 비행시간은(땅에 있는 시계 기준) y가 아니라 z라는 걸 발견했는데, 여기에서 z는 다음과 같아.

$$z = \frac{y}{\sqrt{1 - \frac{v^2}{c^2}}} \tag{18}$$

v^2이 양수이니까 이 식의 분모는 1보다 작은 수가 될 거야. 이건 z가 y보다 크다는 걸 나타내. 다르게 설명하자면 아인슈타인은 속도 v로 이동하는 비행기에 있는 시간은 땅에 있는 시계보다 상대

적으로 느리게 간다는 거야. 이런 현상을 '시간 지연(Time Dilation)' 이라고 불러.[iv] 더 놀랄만한 일은 움직이는 물체는 정지된 물체보다 상대적으로 더 빨리 미래에 도달한다는 거지.

이 발견이 영향을 미친 진가를 알아보려면 빛의 86% 속도로 매우 빠르게 이동하는 비행기에 타서 세 시간 동안 여행을 간다고 상상해봐. (18)번 공식은 네가 돌아올 때쯤이면 3시간이 아니라 6시간만큼 나이가 들었을 거라고 예측하고 있어. 이건 오해가 아니야. 네 손목에 있는 시계는 3시간만 지났더라도 다른 모든 것들은 6시간이 지났다는 거야. 실제로 너는 3시간을 미래로 이동한 것이고,[v] 다른 사람들에 비해 너는 세 시간 어려진 거야.

이 젊음의 샘을 발견했다고 너무 흥분하기 전에 c에 충분히 가까

---

iv 이것이 아인슈타인의 상대성 이론이다. 아마도 아인슈타인에게 상대성 이론을 비전문가들에게 설명해달라고 요청했다면 "당신의 손을 뜨거운 난로에 1분간 넣으면 그게 한 시간처럼 느껴질 겁니다. 예쁜 여성과 한 시간 동안 앉아 있는 건 1분처럼 느껴질 수 있지요. 이게 상대성입니다."라고 설명할 것이다. 상대성 이론을 더 정확하게 설명하면서 확인해보자.

v 예제가 나타내듯이 미래로 시간 이동하는 건 완전히 물리 법칙에 속한다고 볼 수 있다. 실제로 우주비행사 세르게이 아브데예프는 미래로 시간 이동한 기록을 가지고 있다. 748일 동안 미르 우주정거장에서 체류한 결과로 1,000분의 1초만큼 미래로 이동했다.[17]

운 속도로 움직일 수 있어야만 이 주목할 만한 영향이 일어난다는 것을 알아야 해. 현재로서는 물리학자들이 입자 가속기를 사용해야만 그 비슷한 속도를 만들어 낼 수 있지. 이 가속기는 특별히 제작된 거야. 아인슈타인의 발견은 물리학자가 아닌 우리들의 일상과는 관련이 없어. 다시 GPS로 돌아가자.

우선 GPS 위성에 있는 1초가 지구에서 몇 시간인지 먼저 찾아보자. 인공위성이 빛의 속도의 0.0013% 정도로 이동하니까 (18)번 공식을 사용해 빛보다 느린 속도에서 선형화한 결과를 사용할 수 있겠군.[부록 8]

$$z \approx y\left(1+\frac{v^2}{2c^2}\right) \tag{19}$$

y = 1이고 v/c = 0.00078일 때, GPS 위성에서의 1초가 지구에서는 1.0000000000834623초라는 걸 알 수 있지. 하루가 지나면 0.00000721122초 차이가 되는군. 정말 작은 숫자니까 무시할 수도 있지만, GPS 위성이 내 GPS 기계에 보내는 신호가 빛의 속도로 이동한다는 걸 기억해봐. 결과적으로 이 시간 측정의 오류는 0.00000721122c 만큼의 거리 측정의 오류가 되지. 즉, 매일 2.16km 정도의 거리 차이를 만들 수 있어. GPS를 켜고 운전하면

서 국토를 횡단한다고 생각해봐. 하루 정도 지나면 GPS는 잘못된 위치를 표시하고 있다는 거야.[vi] 얼마 지나지 않아 기계를 잘못 샀다면서 후회할지도 몰라. 다행히 GPS 위성의 시계는 이 영향을 고려해서 작동하지(더 자세히 말하자면 이 시계들을 설계한 개발자들이 아인슈타인의 이론을 고려해서 설계했지). 그 결과 GPS 네트워크가 굉장히 유용하다고 입증되었어.

여태까지는 GPS에 중점을 두었지만, 아인슈타인의 (18)번 공식은 모든 움직이는 물체에 적용할 수 있어. 여기서 정말 헷갈릴 수 있는 부분은 예를 들어 내가 키우는 개가 공원에서 30분간 뛰어놀았다면, (18)번 공식은 개가 나보다 상대적으로 더 미래에 가까워졌다고 말하지. 하지만 집에 개를 두고 장을 보러 간다면 나는 개보다 상대적으로 미래에 가까워졌겠지. 그동안 움직이는 모든 것들, 다른 사람이나 차들 또한 어떤 사람 또는 물건에 비해 상대적으로 미래에 가까워졌을 거야.

드라마 작가들조차도 이런 걸 다 생각하려면 머리가 아프겠지! 이

---

vi 실제로 이러한 오류들이 매일 일어나기 때문에 GPS 네트워크 전체가 몇 주 내로 쓸모없어질 수도 있다.

장에서는 빗방울부터 교통 체증을 포함한 일상의 여러 가지 부분을 수학화해 보았더니 수학이 우리에게 많은 걸 가르쳐줬어. 자! 시간 지연에 박수를 쳐주자. "변화가 있는 모든 곳에 도함수가 있다."라는 격언이 정확하게 들어맞았지. 거기에다 더 나아가서 우리가 사는 현실을 보는 완전히 새로운 방법을 제시해주었어. 이 첫 세 장에서 우리가 사는 세상에 대해서 다시 생각해 보게 되었다면, 일단 주차하고 사무실에 가서 나머지 이야기를 해줄게.

미적분으로 연결된 모든 것

스팸 메일은 필터링하더라도 항상 몇 가지는 뚫고 들어오기 마련이지.
이것을 지우는 데 걸리는 생산성의 손해가 매년 2조 4천억이 넘는다고 해.

하지만 이 '생산성'을 어떻게 수치화할 수 있을까?

나 같은 사람들은 사무실에 도착하자마자 하는 일이 이메일을 확인하는 거지. 사실 이메일이 발명되기 전에 어떻게 일을 했을지 상상할 수가 없어. 내 학생들이 숙제에 대해 편지를 보내거나, 값비싼 국제전화로 공동 연구자들에게 전화해서 연구에 관해 논의했었을까? 이메일이 있으니까 굉장히 쉽고 빠르게 소통할 수 있지. 하지만 의사소통이 쉬워진 것뿐만이 아니야. 이 페이스북과 트위터 시대에 우리는 모든 사람과 연결되어 있지. 다시 아인슈타인의 시간 지연 이론이 생각나는군. 시간의 상대성이라는 한가지 개념이 모든 걸 연결했지. 이제 나는 수학으로 어떤 다른 현상을 연결할 수 있을지 고민하고 있어.

이메일, 문자, 트위터, 아!

혼자 생각하는 도중에 새로운 이메일이 화면에 떠올랐어. 하루에도 여러 번 이런 일이 일어나지. 실제로 2010년에는 매일 2,940억 개의 이메일이 발송되었다고 해.[18] 그렇다면 초당 340만 개의 이메일이 발송된 거야! 이 중 90% 정도는 스팸 메일이고 스팸 메일을 필터링하더라도 항상 몇 가지는 뚫고 들어오기 마련이지. 이런 이메일을 지우는 데 걸리는 시간 때문에 일을 못해서 발생하는 생산성의 손해가 매년 2조 4천억이 넘는다고 해.[19] 하지만 이 '생산성'을 어떻게 수치화할 수 있을까? 그리고 수치화하는 과정을 통해 생산성을 향상할 방법을 배울 수 있지 않을까? 이번에도 문제를 수학적으로 접근해보자.

우리가 메신저를 하는 데 사용하는 시간을 컴퓨터나 셔츠, 자동차 등을 만드는 데 사용할 수 있었겠지. 이제 생산성의 손해를 생산된 물건의 가치가 하락한 정도로 생각해보자. x명의 직원이 생산한 총 물건의 가치를 $p(x)$라고 하면, 이 회사 노동자들의 평균 생산성 $A(x)$는 다음과 같아.

$$A(x) = \frac{p(x)}{x} \tag{20}$$

함수 $A(x)$는 x명의 직원이 평균적으로 얼마나 생산했는지를 나타내는 거지. 예를 들어, $30짜리 라디오를 만들어 파는 회사가 10명의 직원이 있다면, $A(10)$ = $30/10 = $3가 될 거야. 어떤 뜻이냐면 평균적으로 각각의 직원은 라디오를 만들 때 $3 만큼 기여한다는 거지.

자연스럽게 회사들은 직원의 평균 생산성이 증가하길 바라지. 이런 환경에서 회사는 직원을 고용해 생산된 물건의 가치를 증가시킬 수 있을 거야. 지금쯤이면 함수가 증가하려면 도함수가 양수여야 하는 걸 알겠지. 자, 시작해보자.

미적분을 사용해서 $A(x)$의 도함수를 계산해보면 다음을 얻을 수 있지.[부록 1]

$$A'(x) = \frac{xp'(x) - p(x)}{x^2} \tag{21}$$

분모는 항상 양수이기 때문에 분자가 양수여야만 $A'(x)$가 양수라는 걸 알 수 있어. 이 조건을 만족하려면 다음 조건을 만족해야만 해.[부록 2]

$$p'(x) > A(x) \tag{22}$$

몇 줄 적지 않았는데도 이미 수학이 우리에게 이야기를 해주고 있어. 뭐라고 하는지 들어볼까.

$p'(x)$가 x명의 직원이 생산한 물건들의 총 가치의 순간 변화율이니까, 이 변화율이 회사의 평균 생산성보다 높으면 평균 생산성이 증가할 거라고 말해주는 거지. 우리가 볼 수 있듯이 이 문장은 이해하기 쉽지 않아. 그러니까 다음과 같이 더 유용한 방법으로 바꾸어 말해보자.[부록 3] 만약 $p(x)$가 1차 함수보다 빠르게 증가한다면 (즉, $p(x)$가 2차 함수나 3차 함수 등), $A(x)$는 증가하겠지. 대부분 회사들은 자체 데이터에서 $p(x)$의 모양을 확인할 수 있다는 점에서 두 번째 문장이 훨씬 더 유용하지. (22)번 조건이 충족되지 않는다면 그 회사가 생산성을 증가시킬 수 있는 여러 가지 다른 방법이 있어.

자연스러운 방법의 하나는 직원들을 각자 더 생산성이 높은 직무로 변경하는 방법이야. 자, 실제로 너와 네 동료는 회사의 $A(x)$ 함수로 연결되어 있다고 할 수 있어. 만약 이 함수의 전체적인 값이 너무 낮다면, 이익을 증가시키기 위해 아마도 너는 다른 직무 또는 다른 프로젝트팀으로 재배치될 수도 있겠지. 그렇다면 이제 어떻게 미적분이 얼핏 보기에 연관이 없을 것 같은 일상의 양상들을 연결하는지 또 다른 예를 들어볼게. 종종 이전에 수행한 업무들에 관련된 회의들에 참여해달라는 요청을 받아. 사실 받은 메일함 정리가 끝나서 달력을 보니까 가야 하는 회의가 생각났어.

감기의 미적분학

오늘 첫 미팅은 동료와 학생들, 행정부와의 회의야. 오늘같이 비 오는 날에는 다들 완전히 젖어서 들어오곤 하지. 우리는 의자가 30개 정도 있는 '자그마한' 교실에 있어. 주변에서 비에 젖어 추위에 떠는 사람들을 보니까 우리 어머니가 생각나. 설명해줄게.

보통 어머니들이 아이들에게 비를 맞지 말라고 얘기하시잖아. 지금까지도 우리 어머니는 비를 맞으면 감기에 걸린다고 말씀하시지. 물론, 일부분은 사실이지만 우리 어머니가 하시는 말씀의 근거들은 대부분 틀리다는 거지. 일반적인 감기는 감염된 사람들과 접촉을 통해서 전염돼. 이건 비가 오는 것과는 상관이 없어. 그렇다면 왜 젖은 사람들이 옆에 앉는 게 걱정이 되는 걸까? 왜냐하면, 비 오는 날에는 사람들이 건물 안에만 있기 때문에 이미 감기에 걸린 사람과 접촉할 확률이 높아지기 때문이야. 미팅에 참가한 사람 중에 감기에 걸린 사람이 있는지는 모르겠지만, 만약 감기에 걸린 사람이 있다면 미팅이 끝나기 전에 내가 감기에 걸릴 확률은 어떻게 될까?

나를 포함해 미팅에 참가한 20명을 두 그룹으로 나누어보자. 한 그룹은 감염된 사람으로 I라고 표시하고, 감염되지 않은 사람들을 S라고 할게. 이 두 숫자는 미팅 도중에 바뀔 수 있는데, 시간의 함수로 나타낼 수 있어. 자, 시간 t의 함수 $I(t)$와 $S(t)$로 써볼까. 총 인원이 20명이니까 다음 식이 성립하지.

$$I(t) + S(t) = 20 \tag{23}$$

하지만 감염이 확산되는 걸 어떻게 표시할 수 있을까? 음…, 감염이 확산되면 $I(t)$가 변하겠지. 그렇다면 도함수가 있다는 거야! 자, 5명이 감기에 걸려 있다고 해보자. 그 사람들이 다른 사람들과 이야기하면서 감기를 옮길 거야. 전염되는 비율 $I'(t)$는 접촉을 많이 할수록 높을 거야. 그렇다면 다음 모델을 살펴보자.

$$I'(t) = kI(t)S(t) \tag{24}$$

여기서 k는 사람들이 접촉에 의해 얼마나 빠르게 감염되는지를 나타내는 양의 상수이고, 곱 $I(t)S(t)$는 몇 번의 접촉이 일어날 수 있는지를 나타내지. (23)번 공식을 사용해서 (24)번 공식을 다음과 같이 다시 쓸 수 있어.

$$I' = kI(20 - I), \quad \text{즉} \quad I' = 20kI - kI^2 \tag{25}$$

이 공식은 로지스틱 방정식의 예이지.[i] 이 방정식의 해인 감염된 사람 수는 다음과 같아.[부록 4]

$$I(t) = \frac{20}{1 + 3e^{-20kt}} \tag{26}$$

i 보통 로지스틱 방정식은 $p' = ap - bp^2$이고, 이때 a와 b는 숫자이다($a, b > 0$). 1837년 네덜란드의 수학자이자 과학자인 피에르 프랑수아 베르휠스트는 이 수학 모델을 도입하여 인구 증가를 설명하였다.

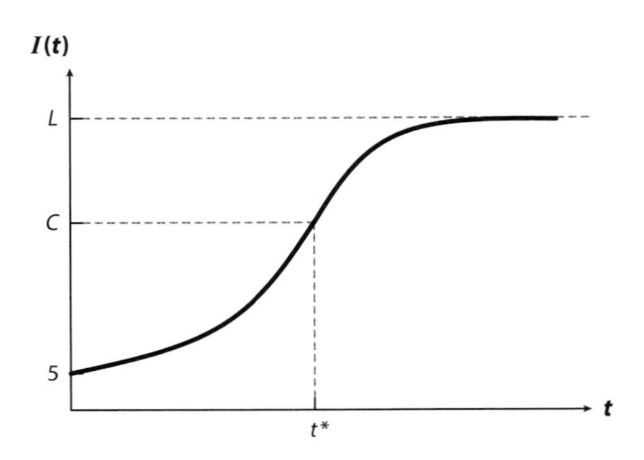

그림 4-1 k = 1일 때 함수 $I(t)$의 그래프

그림 4-1의 그래프에서 볼 수 있듯이, t^* 이전에 $I(t)$ 곡선은 아래로 볼록하고, 그 다음에는 위로 볼록하게 되지. 3장에서 배운 것처럼 이건 t^* 이전에는 $I''(t) > 0$이고, 이후에는 $I''(t) < 0$라는 걸 뜻하지. 그렇다면 t^*는 변곡점이 될 거야. 거기에 2차 도함수는 함수의 가속도를 나타낸다고 했으니까 $t = t^*$에서 변곡점을 가진다는 건 매우 중요한 정보를 제공해주지. 즉, 감염된 사람들이 시간 t^* 이전에는 점점 빠른 비율로 증가하는데, 그 후에는 점점 느린 비율로 증가한다는 거지.

이런 가정들을 통해 살펴보면, 시간 t^*에 감염된 사람의 수 C는 10이야.[부록 5] 그러니까 모임의 절반이 감염된 후에는 감염되는 속도가 느려진다는 거지. 그러면 L은 무엇을 말하는 걸까?

음, 운이 나빠서 내가 하루 종일 회의에 있어야 한다면, 결국 모든 사람이 감기에 걸릴 거라고 예측하겠지. 그러니까 직관적으로 L = 20인 것을 알 수 있어. 물론 극한을 사용해 확인할 수 있지.[부록 6] 이게 a와 b가 양수일 때 로지스틱 방정식의 일반적인 특징이야. 해가 결국 극한값 L에 가까워지는데 이걸 '포화 밀도'라고 불러.

운 좋게도 한 시간 만에 미팅이 끝났어. 몇몇이 벌써 헛기침하는 게 보이는데, 아직 나는 괜찮은 것 같아. 조금 마음을 가라앉히려고 미팅을 시작하고 한 시간이 지난 뒤에 예상되는 감염된 사람 수를 계산해 보려고 해.

$$I(1) = \frac{20}{1+3e^{-20k}}$$

이 숫자는 k에 따라 달라진다는 점에 주의해야 하는데, k는 감기가 얼마나 빠르게 전염되는지 나타내는 숫자야. 일반적으로 k = 0.02라고 하면 $I(1) \approx 6.64$인데, 이는 한 시간 뒤에는 거의 두 사람이 감기에 더 걸렸을 거라는 거야. 문제는 누가 감기에 걸렸는지 확인할 수 없다는 거겠지. 내 왼쪽에 앉았던 비에 젖은 학생이 감기에 걸렸을 수도 있고, 아니면 완전히 괜찮아 보였던 오른쪽 사람이 감기에 걸렸을 수도 있어. 하지만 어떤 경우에든 우리의 분석이 가능성을 좁히는 데 도움을 주었지. 감기의 전염에 로지스틱 접근 방식을 통해 나와 다른 사람들이 연결된 걸 알 수 있지. 다행히 나는 $S(t)$에 속하고 있지.

지속 가능성과 감기에 걸리는 것이 무슨 관계가 있을까?

거의 한 시간이 지났어. 로지스틱 문제를 생각하면서 아파 보이는 사람을 피하느라 무슨 이야기를 했는지 거의 다 까먹었어. 회의실에서 나가면서 별로 감기에 걸린 것 같지 않으니까 아마도 성공적으로 감기를 피한 것이 분명해. 로지스틱 방정식을 생각하며 누가 감기에 걸렸는지 알아보려고 노력하고, 그 방에 계속 있을 때를 상상하다 보니 배가 너무 고픈데.

사무실로 돌아가면서 동료 스탠리가 주변에 새로 연 초밥집에 대해 이야기해 준 게 기억났어. 나는 회를 별로 좋아하지는 않지만, 마키 롤은 좋아하지. 거기에 마침 비가 온 뒤에 날이 개어서 나가기에도 좋은 날씨야. 일단 초밥을 먹으러 가기로 결정했지. 스탠리에게 같이 먹으러 갈 거냐고 문자를 보냈어(이 문자 때문에 스탠리의 생산성이 낮아질지도 모르겠어). 몇 분 뒤에 그를 만나서 걷기 시작했지.

가게에 도착했을 때 굉장히 붐비는 걸 보고 놀랐어. 종업원들은 해산물이 가득한 접시들을 나르느라 바쁘고, 몇 자리만 비어 있었지. 새로운 가게라 사람이 많이 있었을지도 모르지만, 얼마나 초밥이 인기가 많은지 놀라울 지경이었어. 자리를 잡아서 메뉴를 읽기 시작했어. 굉장히 많은 음식 종류가 있네. 물고기 종류도 많고 여러 가지를 같이 시킬 수 있어! 몇 가지 롤을 시키고, 몇분 뒤에 종업원이 여러 가지 색상이 아름답게 정돈된 그릇을 가져왔어. 여러 가지 롤을 먹으면서 3장에서 이야기한 인구 문제가 생각났지. 이 세상에는 수천 수만 개의 초밥 음식점이 있을 거야. 모두 다 엄청나게 많은 양의 생선을 판매하겠지. 그렇다면 엄청난 양의 물고기가 잡힌다는 말이잖아. 그러면 이 질문을 피할 수 없겠지. 이렇게 계속해서 물고기를 잡는다면 바다에 물고기가 없을 때까지 얼마나 걸릴까? 이 질문에 대한 답은 어업이 얼마나 이루어지고 있는가에 따라 다를 거야. 하지만 물고기가 얼마나 있는지에 따라서도 달라지겠지. 그러니까 이 문제를 수학적으로 생각해보자.

사람이 먹는 물고기 수를 $p(t)$라고 하자. t는 년 단위로 측정할 거야. 만약 $p(t)$가 작다면, 물고기를 찾기가 더 어렵다는 말이고 물고기 수가 증가하기 쉽겠지. 3장에서 배웠던 박테리아 수 증가의 지수 함수를 사용해보면, $p'(t) = ap(t)$라고 할 수 있지. 이때, a는 증식률을 나타내는 양수야. 하지만 물고기 수가 커진다면 사람들이 물고기를 잡아 숫자를 또 줄이게 될 거야. 일정한 증가율이었던 a를 $a - bp$로 바꿔서 표시하자(b는 양수). 이 값은 물고기 수가 증가할수록 줄어들게 돼. 그러니까 모델은 다음과 같아.

$$p'(t) = p(a - bp) = ap - bp^2 \tag{27}$$

이게 바로 $p(t)$의 로지스틱 모델인 거야! 방금 감기의 전염과 전 세계 물고기 수의 변화를 연관지은 거지! 너무 흥분하지 말고, 먼저 사람들의 어업을 고려해보자. 만약 $100c > 0$이 사람이 매년 잡는 물고기 수의 백분율이라면 다음과 같이 식을 변경할 수 있어.

$$p'(t) = ap - bp^2 - cp = (a - c)p - bp^2 \tag{28}$$

달리 말하자면 어업이 물고기의 증식률을 줄인다는 거지.

(28)번 방정식의 해는 다음과 같아.

$$p(t)=\frac{(a-c)p_0}{bp_0+((a-c)-bp_0)e^{-(a-c)t}} \tag{29}$$

이때, p_0가 처음에 있었던 물고기 수를 나타내. 이제 수학의 가장 훌륭한 점 중의 하나는 결론을 보편적으로 사용할 수 있다는 거야. 무슨 뜻이냐면 우리가 감기의 전염에 대해 이야기하면서 얻은 모든 수학적 결론들을 여기에 적용할 수 있다는 거지. 예를 들어, 사람들이 물고기가 증가하는 숫자보다 적게 잡는다고 가정해보자. 그러면 $c < a$이겠지. 그렇다면 (29)번 공식을 통해 물고기 수가 결국 극한값인 $(a - c)/b$까지 증가한다는 걸 알 수 있어.[부록 7] 이 값을 포화 밀도라고 불렀던 걸 기억해봐. 거기에다가 물고기 수는 극한값의 절반인 $(a - c)/2b$가 될 때까지는 점점 빠른 비율로 증가하고, 그 후에는 점점 느린 비율로 증가하겠지.

포화 밀도가 $(a - c)/b$라는 사실은 우리가 물고기를 많이 잡을수록(c가 클수록) 결국에는 물고기 수가 줄어든다는 거지. 물론, 우리는 그걸 이미 알고 있어. 그렇다면 이게 왜 필요한 걸까? 자, 수학적인 생각을 통해 배울 수 있는 새로운 사실이 없다는 걸까? 천만에.

이제 최종적으로 최소 M마리의 물고기가 살아남는다고 가정해보자. $(a - c)/b > M$이니까 $c < a - (bM)$이라고 할 수 있지. 물고기를 잡는 비율이 이 수보다 작다면, 이 모델에서는 물고기들이 충분히 번식해서 총 M마리가 될 수 있다는 걸 뜻해. 로지스틱 모델을 이렇게 사용하는 게 바로 지속 가능성 분석의 핵심이지. 일반적인 질문들은 어떤 것(물고기나 식물, 또는 기름)을 오랜 시간에 걸쳐 지속 가능하게 수확하는 문제이지. 우리가 방금 발견한 건 여러 다른 자원들을 지속 가능한 방식으로 수확하는 방법을 단지 하나의 공식으로 연구할 수 있다는 거야. 바로 로지스틱 방정식이지! 정말 멋지지 않아?

퇴직 소득과 교통 체증이 어떤 관계가 있을까?

음, 이런저런 어두운 생각을 하다 보니까 방금 먹은 맛있는 음식에 대해 미안한 생각이 드네. 그리고 배가 부르다 보니 식당을 나가면서 보기에는 연관이 없는 현상들이 미적분을 통해 얼마나 연결되는지 생각해봤어.

사무실에 돌아와서 인터넷 브라우저를 켜고 스케줄을 확인했지.

구석에서 금융시장과 관련한 정보를 잠깐 본 것 같아. 다우(Dow) 지수가 1.2% 내려갔다네. 다른 지표들도 비슷하게 내려가고 말이지. 물론 금융시장은 올라갔다 내려갔다 하기 마련이니까 이런 숫자에 사로잡히지 않아야 한다는 건 이미 배웠지만, 여전히 그렇게 하기는 어려워.

2008년에 시장 전체가 급락하는 일이 있었지. 많은 사람들이 가진 주식 모두를 팔라고 했었고 공황 매도가 이어졌지. 연방준비은행에 따르면 가정의 평균 순자산의 중간값이 2007년에서 2010년까지 39%가 감소했고,[20] 많은 사람들이 시장에 다시 투자하는 걸 두려워하게 되었어. 물론 이건 은퇴하기 직전의 사람들한텐 좋은 소식일지 몰라. 하지만 아직 은퇴하기까지 수십 년이 남았다면 다시 한 번 생각해 보는 게 좋아. 자, 수학이 말하려고 하는 것 같으니 한번 들어볼까.

$B(t)$가 t년 초의 퇴직 계좌 잔액을 나타낸다고 하자. 그리고 투자한 주식이 수익을 얻을 경우 즉시 이 계좌로 재투자된다고 가정해 보자.[ii] 이 말은 계좌에 돈이 많을수록 더 많이 투자할 수 있다는

---

ii 이득이 '무한 복리'라고 가정하였다.

걸 뜻하지. 수익률이 매년 r%라면 계좌가 변하는 $B'(t)$는 다음과 같아.

$$B'(t) = \frac{r}{100} B(t) \tag{30}$$

이 공식의 해는 $B(t) = B(0)e^{r\,t/100}$ 인데, 이때 $B(0)$는 처음 투자 금액을 뜻해. 계좌 잔액이 지수 함수 형태로 증가한다는 걸 말해주고 있어. 이건 3장에서 인구에 대해 이야기할 때 접했던 증가와 같은 종류이지. 3장에서 사람이 많을수록 출생이 늘기 때문에 인구가 더 클수록 더 빨리 증가한다고 배웠지(이게 교통 체증의 원인이었지). 여기서도 같은 경우야. 계좌에 돈이 더 많이 있으면 더 많은 돈을 벌어들이겠지. 그러니까 우리는 벌써 인구 증가와 퇴직 계좌의 연결 고리를 찾아낸 거지. 그렇다면 조금 더 나아가보자.

앞선 이득에 매년 추가로 s달러만큼 저금한다면 (30)번 공식은 다음과 같이 변하겠지.[iii]

---

iii 여기서는 저금을 연속해서 1년간 한다면 총 금액이 \$$s$가 될 것이라고 가정했다. 현실적으로는 매일매일 저금하는 것으로 근사할 수 있다.

$$B'(t) = \frac{r}{100}B(t) + s \tag{31}$$

이 공식의 해는 다음과 같아.[부록 8]

$$B(t) = \left(B(0) + \frac{100s}{r}\right)e^{rt/100} - \frac{100s}{r}$$

이 공식이 어떻게 사용되는지 확인해보자. 네가 퇴직하려면 20년이 남았다고 가정하고, 오늘 퇴직 계좌에 $B(0)$ = \$30,000을 가지고 있고, 매년 s = \$5,000만큼 저축한다고 가정해보자. 더 나아가서 r = 7.2%라고 가정해보자(조금 뒤에 이 숫자가 어디에서 나왔는지 설명해줄게). 그렇다면 퇴직할 시기에 퇴직 계좌의 잔액은 다음과 같겠지.

$$B(20) = \$350,280.31$$

하지만 이 총액 중에 매년 \$5000씩 저금해서 얻은 이득은 얼마나 될까? 20년 동안 저금한 원금 총액과 처음에 가지고 있던 돈을 빼면 \$320,280.31의 68% 정도가 20년 동안 복리 이자의 효과로 얻은 돈이라는 거야(복리 이자는 이자에 이자가 붙는 걸 뜻해).[부록 9] 더 나중에 퇴직하거나 수익률을 높인다면 이 비율이 증가하겠지. 왜 7.2%가 합리적일까? 오펜하이머 펀즈(Oppenheimer Funds)가 한 최근 조사에 따르면 1950년부터 2010년까지 매 20년 기준 평균 주식시장 수익률이 7.2%였기 때문이지(매달 기준으로 20년을 산출하여 평균을 구함).[21] 그렇다면 장기간 투자하려는 투자자들은 2008년과 같은 사건에도 불구하고 주식시장의 수익률이 상당히 유리하다는 거지. 오늘 다우지수가 1.2% 내려간 건 2008년에 급락한 거에 비하면 아무것도 아니지. 주식시장을 걱정하지 말고 다른 생각을 하는 게 더 도움이 될 것 같아.

달콤함의 미적분학

점심을 먹고 몇 시간 열심히 일하고 나니 금요일이 거의 끝나가고 있어. 퇴근하기 전 두 시간 동안 일을 열심히 하기엔 동기가 너무 부족한 거 같아. 잠깐 휴식을 가지고 커피 한잔하기에 딱 좋은 시간이야.

항상 수많은 사람이 사무실에 올 때 커피를 들고 오는 걸 보면서 놀라곤 하지. 나는 보통 커피(또는 단 것)를 마시고 일에서 벗어나려고 커피숍에 가지만, 커피를 들고 돌아오지는 않아. 내가 생각하기에 오늘날의 대부분 커피숍들은 세심하게 계산된 편안한 좌석에서 무료로 WiFi를 제공하고, 다 같은 것처럼 보이는 긴 이름의 커피들을 파는 것 같아. 커피숍에서 일하는 게 점점 편해지니까 더 인기가 많아지는 것 같고. 그렇다면 또 커피숍에 있는 사람들과 우리 사이의 연결점을 찾을 수 있을 것 같아. 여기에 일하러 왔거나, 곧 일하러 가겠지. 하지만 여기에도 수학이 존재할까?

줄 서 있는 동안 미적분 모자를 썼어(물론 추상적인 모자 말이지). 종업원과 바리스타들이 보이는데 여기에도 가게의 생산성 함수 $A(x)$에 기반을 둬서 업무를 분배했겠지. 대부분 커피를 빨리 만드는 직원은 커피를 만들고 있을 테고, 주문을 잘 받는 직원들이 계산대에 서서 주문을 받겠지. 단 것이 필요한 것 같으니까 나는 코코아를 시켰어. 그런데 여기에서 말 그대로 목숨을 구할 수 있는 수학을 찾을 수 있었어.

오늘날 기계가 바리스타들의 일 대부분을 하지. 바리스타가 초콜릿 한 스쿱을 떠서 컵에 넣은 뒤 버튼을 누르면, 기계가 우유를 데워서 거품을 낸 뒤에 컵에 따르지. 기계가 우유를 부으면서 컵이 차오르게 되는데, 여기에서 기계가 우유를 따르는 속도는 일정하다는 걸 알 수 있어. 하지만 조금 뒤에 우유를 계속 따르면서 이 속도가 느려지는 걸 발견했지. 자, 지금쯤이면 우리 모두 알듯이 "덜 빠르게 변한다."라는 건 도함수가 존재한다는 뜻이지. 그러니까 우유가 얼마나 빠르게 부어지는 줄 안다면, 컵에 있는 액체의 부피 변화를 찾을 수 있을까? 가끔 내가 학생들한테 말하는 다음과 같은 단어가 있지. *por supuesto* (스페인어로 "물론이지")!

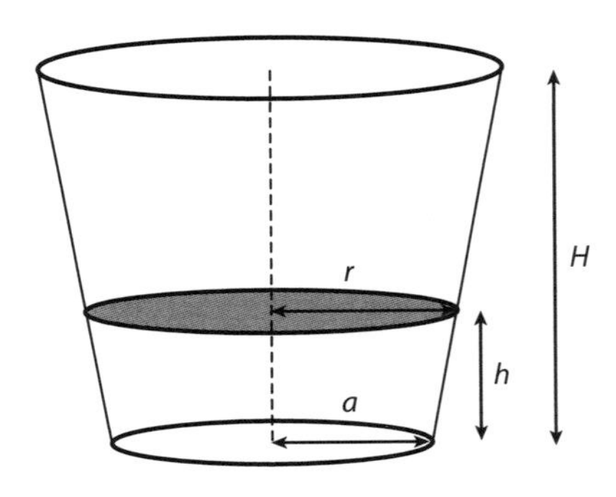

그림 4-2 내 컵의 원뿔대 모양

컵의 모양에서 시작해보자. 컵은 원뿔대 모양을 띠고 있지(**그림 4-2**). 작은 반지름을 a라고 하고 큰 반지름을 b, 높이를 H라고 하자. 우유가 컵에 들어가면서 우유와 초콜릿의 부피 또한 원뿔대 형태가 되겠지. 이 높이를 h라고 부르고 이 반지름을 r 이라고 부르자. 그러면 두 반지름이 a와 r이면서($a < r$) 높이 h를 가진 원뿔대의 부피는 다음과 같지.

$$V = \frac{\pi h}{3}\left(r^2 + a^2 + ar\right) \tag{32}$$

만약 전체 공식에서 도함수를 구한다면 부피가 변하는 비율 $V'(t)$와 반지름이 변하는 비율 $r'(t)$ 그리고 높이가 변하는 비율 $h'(t)$ 사이의 관계를 알 수 있을 거야. 수학자들이 '연관 변화율(Related Rates)'이라고 부르는 문제의 고전적인 예라고 할 수 있지. 여기에서 이 변화율들은 원뿔대의 부피 공식으로 연관되어 있어.

부피 공식의 도함수를 찾아볼 필요가 있어. 하지만 이 공식은 두 가지 변수를 가지고 있지(r과 h). 수학적으로 괜찮긴 하지만 하나를 없앨 수 있으면 더 구하기가 편하겠지. **그림 4-2**를 잘 보면서 기하학 수업에서 들었던 내용을 기억해봐. 무언가를 발견할지도 몰라. 두 개의 비슷한 삼각형들을 볼 수 있어. 이걸 사용해서 부피 공식을 다시 써보자.[부록 10]

$$V = \frac{\pi}{3}\left(3a^2h + \frac{3a(b-a)}{H}h^2 + \frac{(b-a)^2}{H^2}h^3\right) \tag{33}$$

변수가 하나인 함수 $V(h(t))$의 도함수를 구하려고 하는데, 이때 사용하는 게 연쇄 법칙이야.[부록 11]

$$V'(t) = \frac{\pi}{3}\left(3a^2 + \frac{6a(b-a)}{H}h(t) + \frac{3(b-a)^2}{H^2}(h(t))^2\right)h'(t) \quad (34)$$

물론, 이 공식이 무섭게 보일지도 모르지만 두려워하지 마. 여기에 훌륭한 선생님이 있잖아! 어떻게 해야 하냐고? 수학에 귀를 기울이면 돼.

우선 a, b, H 모두 숫자라는 걸 기억해봐(컵의 반지름 a와 b, 높이 h). 이걸 기억하면 $V'(t)$는 단순히 2차 함수 $h(t)$에 $h'(t)$를 곱한 식일 뿐이야. 그렇다면 시간 t에 액체가 차오르는 비율 $h'(t)$가 액체의 부피 변화율인 $V'(t)$와 액체 높이 $h(t)$에 모두 관련되어 있다는 걸 말하지. 만약 기계가 우유를 일정한 속도($V'(t) = C$)로 붓는다고 가정해서 $h'(t)$를 구하면 다음과 같아.

$$h'(t) = \frac{C}{\pi\left(a^2 + \frac{2a(b-a)}{H}h(t) + \frac{(b-a)^2}{H^2}(h(t))^2\right)} \quad (35)$$

이 공식이 좀 복잡해 보이지만, 이전에 발견했던 식과 일치하는 걸 확인할 수 있지. 액체가 높아지면서($h(t)$가 커지면서), 높아지는 속도 $h'(t)$가 느려진다는 사실 말이야. 공식을 보면 분모가 커지면 분수가 점점 작아지게 되지. 그렇지만 이 공식은 그냥 관찰한 걸 확인해주는 것보다 훨씬 많은 것을 포함하고 있어. 어떤 시간 t와 높이 $h(t)$에서 정확하게 얼마나 빠르게 높이가 증가하는지 말해주는 거야. 음, 대단하긴 하지만 이게 정말 삶을 구해줄 만한 수학은 아닌 것 같아(내가 조금 전에 커피숍에서 찾았다고 말한 그 수학 말이야). 그렇지만 1장에서 살펴본 에디슨의 천적 $r(V)$처럼, 이 $h'(t)$ 공식을 다르게 볼 필요가 있어.

이걸 마음에 새기면서 손에는 코코아를 들고 커피숍을 나서서 사무실로 돌아갔지. 비가 온 오늘 아침의 날씨는 온데간데없고 작은 물웅덩이만 몇 개 보이는데 마치 축소된 호수들처럼 보여. 아, 또 머릿속에 떠오르려고 해. 코코아에서 $V'(t)$가 주어졌을 때 $h'(t)$를 찾을 수 있었잖아. 여기에도 적용할 수 있을 것 같아. 이 물웅덩이들이 축소된 호수들처럼 생겼으니까 저수지의 수위부터 비가 온 뒤 홍수 같은 문제에 수학을 적용해 분석할 수 있을 거야. 예를 들어, 홍수가 날 때 대피령을 내려야 하는 소방방재청 같은 경우 내 코코아와 비슷한 문제를 겪겠지. 그들은 해당 지역에 내리는 비를 통해 도함수 $V'(t)$를 측정할 수 있지만, 여전히 얼마나 수위가 빠르게 올라가는지를 계산해야 하지. 즉, $h'(t)$를 계산해야 한다는 거야. 예를 들어, 허리케인처럼 $V'(t)$를 먼저 측정할 수 있을 때에는 $h'(t)$와 비슷한 공식을 사용해서 대피령을 내려야 하는지 결정할 수 있어. 부피 V를 찾는 건 조금 더 복잡하지. 하지만 우리는 이미 홍수 지역에 대피령을 내리는 것 같이 중요한 문제를 정말 단순한 '컵 안의 핫초콜릿 부피 문제'와 연결지은 거야. 이건 수학이 보여주는 예상 밖의 연관성들 중에서 하나의 예에 불과하지만, 어떤 경우에는 사람의 목숨을 살릴 수 있는 거야.

이번 장을 통해서 어떻게 수학이 특히, 미적분학이 공식이나 개념이나 추론을 통해 여러 현상을 연결하는지 살펴보았지. 감기의 전염 공식이 지속 가능한 어업과 관련이 있다고 누가 생각했을까? 인구 증가를 설명하는 데 쓰는 수학이 퇴직 연금과 관련이 있다는 게 얼마나 흥미로워? 또 우리가 커피숍에서 매일 볼 수 있는 수학이 사람의 생명을 구하는 데 사용된다는 건 어떻고? 이게 정말 수학으로 할 수 있는 일이라면 매우 행복하겠지. 하지만 여기서 판매원 톤으로 한 가지 더 말할게. "기다려, 아직 더 있단 말이야!" 다음 장에서 우리는 어떻게 미적분학이 삶을 이롭게 하는지 살펴볼 거야. 미적분이 그냥 세상을 설명할 뿐만 아니라, 삶을 더 이롭게 만든다는 걸 설명해줄게.

미적분을 한잔 마시면 조금 나아질 거야

컵이 사무실에서 날아가는 모습을 슬로우모션으로 상상해봐. 우리는 컵의 궤적이 포물선을 그릴 거라는 것과 위로 던져진 모든 것들은 떨어진다는 것을 알고 있지.

이건 별로 중요하지 않은 것 같지만, 함수의 최댓값과 최솟값을 연구하는 수학의 최적화 분야에서는 매우 중요한 입문 단계라고 할 수 있어.

내 사무실은 건물 3층에 있어. 사무실에 오는 동안 코코아를 반 정도 마시고 계단으로 가고 있었지. 하루에도 수차례 3층까지 걸어 다니고는 해. 처음 몇 발자국은 쉽지만 계속 올라가면 자연스럽게 심장 박동수가 빨라지기 시작하지. 이는 갑작스러운 산소 요구량을 충족시키려는 현상인데, 산소를 빠르게 내 혈관을 통해 근육들로 분배하게 되지. 하지만 이 과정에는 매우 중요한 작업이 필요해. 우선 내 혈관이 팽창해서 더 많은 피가 흐를 수 있게 하는 거야(혈압을 낮추기 위해서 말이지). 얼마나 팽창해야 할까? 덧붙여서 그 피를 최대한 빠르게 근육으로 전달해야 하겠지. 모든 방향으로 뻗은 혈관들을 떠올리면서 다른 질문이 생겼어. 어떻게 몸이 가장 효율적인 분기점과 방향을 아는 걸까? 이전 장에서 얘기했던 홍수 문제처럼 이것도 사느냐 죽느냐의 질문이지. 우선 첫 번째 질문에 답한 뒤에 분기 문제를 설명해줄게.

내 심장의 미분

1838년 프랑스의 생리학자인 장 루이 마리 포이쉴리(Jean Louis Marie Poiseuille)는 원통형 파이프에 흐르는 유체의 문제를 연구했지. 그는 어떤 시간 t의 시점에 흐르는 액체의 체적 유량률(Volume Flow Rate) $V'(t)$가 파이프의 반지름 r에 관련되어 있다는 걸 발견했어.

$$V'(t) = k(r(t))^4 \tag{36}$$

여기에서 상수 k는 여러 가지 물리학적으로 관련된 매개변수들에 의존하는데, 그중에 유체 점성도 포함되지.[i]

하지만 우리가 궁금해하는 혈관 팽창 문제는 조금 달라. 만약 체적 유량률이 변한다면 그 결과로 혈관의 반지름 r은 어떻게 변할까? 이 질문에서 주목해야 할 점은 V'이 변화하면서 r에 영향을 미치지만, t는 전혀 상관이 없다는 거야. 그러니까 시간 $t = t_0$일 때, 동맥 중 하나의 사진을 찍은 척하고, 포이쉴리의 공식을 다시

---

i 유체의 점성은 유체가 흐르는 걸 저항하는 것을 측정한 값이다. 예를 들어, 꿀은 물보다 높은 유체 점성을 가진다.

써보자.

$$f(r) = kr^4 \tag{37}$$

이때, f는 시간 t_0일 때 동맥 반지름 r의 함수인 체적 유량률 V'이야. 이 새로운 관계를 통해 체적 유량률과 반지름을 연결했지. 이게 바로 우리가 원했던 거야. 뿐만 아니라 현재 동맥의 반지름이 $r = a$라고 하자. 3장에서 r이 a에 가까울 때, $f(r)$의 근삿값을 다음 공식을 사용해 구할 수 있었어.

$$f(r) \approx f(a) + f'(a)(r - a) \tag{38}$$

새로운 기호 $\Delta f = f(r) - f(a)$와 $\Delta r = r - a$를 도입하면('f 의 변화량', 'r 의 변화량'이라고 읽음), 공식을 다음과 같이 쓸 수 있어.

$$\Delta f \approx f'(a)\Delta r \tag{39}$$

이 근삿값을 유도하면서 변화량 Δr 이 작다고 가정했지(왜냐하면 r 이 a랑 가깝다고 했으니까). 그렇지만 Δr하고 Δf를 매우 작지만 0은 아닌 수로 만든다고 생각해봐(즉, 무한소). 그러면 다음 식을 얻을 수 있어.

$$df = f'(a)dr \tag{40}$$

여기에 새로운 두 가지 용어들이 나왔지, df와 dr은 미분이라고 불러. 미적분학에서 이 공식은 r의 변화량인 dr이 무한히 작을 때, $f(r)$도 무한히 작은 변화인 $f'(a)\,dr$이 일어난다는 거야. 포이쉴리의 f 공식을 미분하면 다음 공식을 얻을 수 있어.[부록 1]

$$df = 4ka^3\,dr \tag{41}$$

이제 $f(a)$로 나누면 다음 식이 되지.

$$\frac{df}{f} = \frac{4ka^3}{ka^4}dr = \frac{4}{a}dr = 4\frac{dr}{a} \tag{42}$$

기호 dr/a는 r의 변화량을 처음 값으로 나눈 값이야. 즉, dr/a는 처음의 동맥 반지름 a에서 몇 퍼센트만큼 변했는지 알려주는 거지. 비슷하게 df/f는 그 결과로 f가 몇 퍼센트 변했는지 알려주지. 그러니까 결과적으로 혈류 유동률이 4% 정도 증가하면($df/f = 0.04$), 동맥 반지름이 1% 정도 늘어난다는 거야. 실제로 공식에서 볼 수 있듯이, 동맥 반지름 r의 증가량은 항상 혈류 유동률 f가 변하는 양의 1/4이라는 걸 알 수 있어.

첫 번째 질문의 답을 찾으면서 우리 몸이 얼마나 효율적인지 알기 시작한 것 같아. 그렇지만 우리 몸에서 더 효율적인 부분들도 찾을 수 있어. 이제 곧 분기점 문제를 이야기해 보려고 해. 하지만 우선 "어떤 게 가장 효율적인 분기 각도일까?"와 같은 질문들을 어떻게 수학화할 수 있을까?

생명과 자연 속의 미적분학

코코아 한 모금을 마시면서 사무실로 향하는 복도를 걷고 있어. 남아있는 코코아는 차가운데, 2장에서 얘기했던 내 커피랑 같은 과정을 거쳤겠지. 차가운 코코아는 별로라서 사무실에 도착했을 때 건너편에 있는 쓰레기통에 넣으려고 던졌지. 영화 매트릭스에서 총알이 천천히 날아가는 슬로우모션 장면처럼, 컵이 사무실에서 날아가는 모습을 슬로우모션으로 상상해봐. 1장에서 얘기한 것과 갈릴레오를 통해 우리는 컵의 궤적이 포물선을 그릴 거라는 사실을 알고 있어. 또 경험으로 위로 던져진 모든 것들은 떨어진다는 것도 알고 있지. 이건 별로 중요하지 않은 것 같지만, 함수의 최댓값과 최솟값을 연구하는 수학의 최적화 분야에서는 매우 중요한 입문 단계라고 할 수 있지. 설명해줄게.

내가 바닥에 있던 바나나 껍질을 밟아서 컵을 던질 때 쓰레기통을 크게 빗나가 공중으로 던졌다고 가정해보자. 컵은 올라갔다가 내려오겠지. 좋아, 그러면 그 사이에는 어떤 일이 일어났을까? 어떤 시점에서 올라가는 걸 멈추고 내려가게 될 거야. 즉, 어떤 시점에서 정지 상태(올라가지도 않고 내려가지도 않는)에 도달한다는 거지. 이건 상당히 멋진 생각이야. 보통 공중으로 던진 물건이 계속 움직인다고 생각하지만 그게 옳은 건 아니지. 여기에서 무엇을 배울 수 있을까? 문제를 수학화해서 찾아보자.

시간 t일 때 컵의 수직 위치를 $y(t)$라고 표시하자. 그러면 수직 속도는 간단하게 $v(t) = y'(t)$라고 쓸 수 있지. 그렇다면 어떤 시점 t_0에서 컵이 멈추게 되지. 그러면 $v(t_0) = 0$이라고 할 수 있고, $y'(t_0) = 0$과 같은 거야. 이제 **그림 5-1**에 그려둔 컵의 궤적을 봐. 이 $y'(t_0) = 0$ 위치는 함수의 최고 높이 조건을 충족시키지. 이런 분석을 통

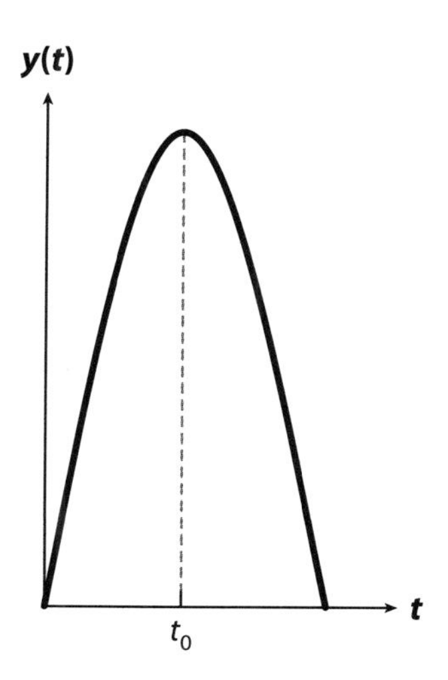

그림 5–1 수직으로 던져진 컵은 $y'(t_0) = 0$에서 최고 높이에 다다른다.

해 힌트를 얻을 수 있지.

함수 $f(x)$의 그래프를 보고 이게 내가 공중으로 던진 컵이 바닥으로부터 떨어진 거리의 함수라고 가정하자. 조금 전에 분석을 통해 $f(x)$의 최댓값이 $f'(x) = 0$일 때의 값인 걸 알 수 있었지. 속도와 관련된 점을 살려서 이 x 값을 정류점(Stationary Point)이라고 부르자(또는 임계점). 이제 "함수의 최대(또는 최소)가 항상 정류점에서 일어나는가?"라는 질문에 답을 해보려고 해. 우선 $0 \leq x \leq 2$일 때, 함수 $f(x) = x$를 고려해보자. 이 구간에서 가장 큰 값은 $f(2) = 2$

인데, $f'(x) = 1$이니까 f에 정류점이 없다는 걸 뜻하지($f'(x)$는 항상 0이 아니야). 이 예제에서는 함수의 최대와 최소가 항상 정류점에서만 일어나는 건 아니라는 것을 말해주는 거야. 또한, 구간의 종점들이 중요하다는 것을 배울 수 있었어. 만약 같은 예제의 구간을 $0 \le x \le 3$으로 바꾸면 최댓값은 $f(3) = 3$이 될 거야. 이제 최대나 최소의 x 위치로는 다음과 같은 두 가지 x 위치를 고려해야 해. 즉, 정류점($f'(x) = 0$)과 양끝점($a \le x \le b$에서 a와 b)이지.

$f(x)$가 미분 가능한 함수라면 구간 $a \le x \le b$의 모든 점에서 $f'(x)$ 값이 존재하고, 최대와 최소가 항상 정류점이나 끝점에 있다는 걸 뜻하지.[부록 2]

컵이 날아가는 궤적을 분석하다가 닫힌 구간 $a \le x \le b$에서 미분 가능한 함수 $f(x)$의 최대와 최소를 찾는 방법을 찾았지. 우선 정류점을 찾고 이 정류점의 y 값을 끝점 a와 b의 y 값과 비교해서 가장 큰 값이 최댓값이고 가장 작은 값이 최솟값이라고 할 수 있어.

좋았어. 하지만 삶과 자연하고 이게 무슨 상관이 있지? 혈관하고 분기점 문제로 돌아가 보자. 포이쉴리의 공식과 우리가 공부한 미분을 생각해보니 혈관이 약간 팽창해서 늘어난 혈류를 감당할 수 있는 걸 이해할 수 있었지. 그렇지만 삶이라는 건 그것보다 훨씬 큰 개념이잖아. 우리 동맥이 그냥 더 많은 양의 혈류를 감당하고 싶어서 팽창하는 게 아니라는 거지. 동맥은 이 혈관을 팽창하는 데 필요한 일을 최소화하고자 하지. 아하! 이제 조금 최적화 문제 같은데! 하지만 최적화하기 전에 함수와 그 함수의 구간이 필요하겠지.

포이쉴리는 다른 연구에서 길이 l과 반지름 r을 가진 파이프에서 흐르는 유체의 저항 R에 관한 공식을 발견했지.

$$R = c\frac{l}{r^4} \tag{43}$$

여기에서 c는 유체의 점성에 의존하는 매개변수야. 우리 몸이 피를 보내는 데 필요한 일을 최소화하려면, 피가 혈관에 들어올 때 피의 저항 R을 최소화해야 하겠지. 특히나 혈관이 두 가지 분기점으로 나뉠 때(**그림 5-2** 참고), 이 분기점은 저항 R을 최소화해야 한다는 거야. 이런 관점에서 하나 물어볼게. 이 분기점에서 최적화된 각도는 몇 도일까?[22]

포이쉴리의 두 번째 법칙을 사용해서 큰 혈관에서 작은 혈관으로 흐르는 피의 총 저항을 다음과 같이 정의할 수 있어.[부록 3]

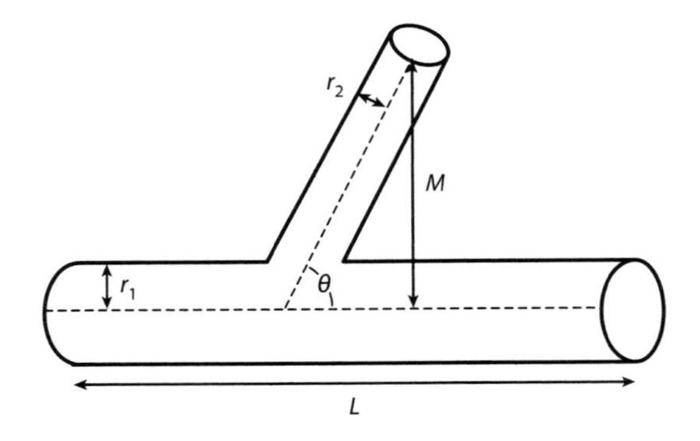

그림 5-2 길이 L과 반지름 r_1을 가진 큰 혈관이 각도 θ를 이루면서 반지름 r_2의 작은 혈관으로 나누어지는 그림

$$R(\theta) = c\left(\frac{L - M\cot\theta}{r_1^4} + \frac{M\csc\theta}{r_2^4}\right) \tag{44}$$

이제 구간이 필요하군. **그림 5-2**를 보면 180도보다 큰 각도는 그래프를 위아래와 좌우로 돌리면 같아지니까 $0 \leq \theta \leq \pi$ 구간만 확인해보면 돼(θ는 라디안 단위).[ii] 하지만 수학적으로 이 구간의 종점 0과 π에서 문제가 발생하지. 함수 $\cot\theta$와 $\csc\theta$는 이런 종점 각도 값에서 정의되지 않기 때문이야. 하지만 $R(\theta)$의 그래프를 살펴보

---

ii π 라디안은 180도와 같다.

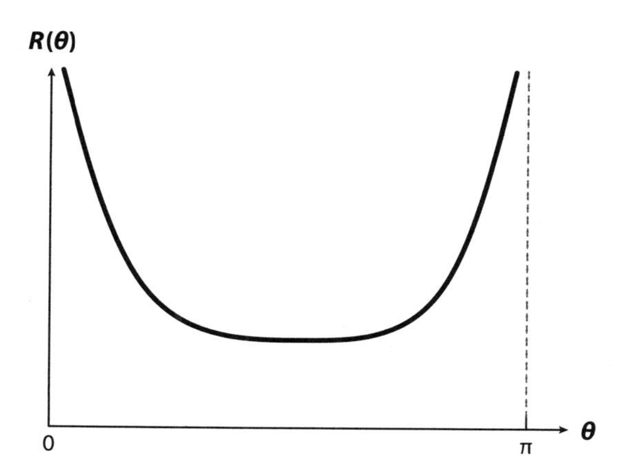

그림 5-3 $R(\theta)$의 그래프

면(**그림 5-3**), $R(\theta)$가 끝점에서 무한대로 올라가니까 최솟값은 종점과 상관이 없지. 게다가 **그림 5-3**을 보면 구간 $0 < \theta < \pi$ 내의 모든 점에서 $R'(\theta)$가 존재한다는 걸 알 수 있어. 그렇다면 $R(\theta)$는 미분 가능한 함수라는 말이지. 페르마의 정리에 따르면,[부록 2] 이 함수는 정류점에서 최솟값을 가진다는 걸 알 수 있어. $R'(\theta)$가 0이 되는 점을 찾으면 그 점이 바로 정류점이지.[부록 4]

$$\cos\theta = \left(\frac{r_2}{r_1}\right)^4, \qquad \text{or} \qquad \theta = \arccos\left(\frac{r_2}{r_1}\right)^4 \tag{45}$$

이때, 함수 arccos(y)는 코사인 값이 y인 각도를 알려주는 함수야. 예를 들어, r_2가 r_1의 75%라면 $\theta \approx 71.5°$라는 걸 알 수 있어.

우리는 지금 막 포이쉴리의 법칙에서 중요한 부분을 이해한 거야. 저항을 최소화하는 분기 각도는 분기점에서 혈관의 반지름들의 비율에 의해 결정된다는 거야. 어머니의 자궁에서 자라고 있는 아이라고 상상해봐. 작은 몸이 자라기 시작하면서 수많은 혈관이 더 작은 혈관들로 나누어지기 시작할 거야. 가장 최적화된 분기 각도는 r_2/r_1의 비율에 의해 결정되겠지.

그리고 수백 년간 인간의 몸은 최적화된 분기 각도를 찾아 심장이 사용하는 에너지를 최소화하려고 계속해서 조금씩 변해왔을 거야. 생물학에서 최적화를 사용해서 어떻게 사람의 몸이 더 효율적이 될 수 있는지 이해할 수 있다니 정말로 신기한 것 같아. 하지만 필요한 에너지를 최소화하는 것은 생물학적 시스템에만 필요한 특성은 아니지. 예를 들어, 창문 밖으로 보이는 전선들은 특정한 모양으로 걸려 있는데, 대부분 사람들은 이 모양이 최적화와 관련이 있다고 생각하지 않지. 하지만 뉴턴을 통해 배웠듯이, 지구의 중력은 지구 위의 모든 물체를 아래로 당기지. 전선도 아래로 당겨질 거야. 그렇다면 전선을 작은 선들이 뭉쳐서 만들어진 거라고

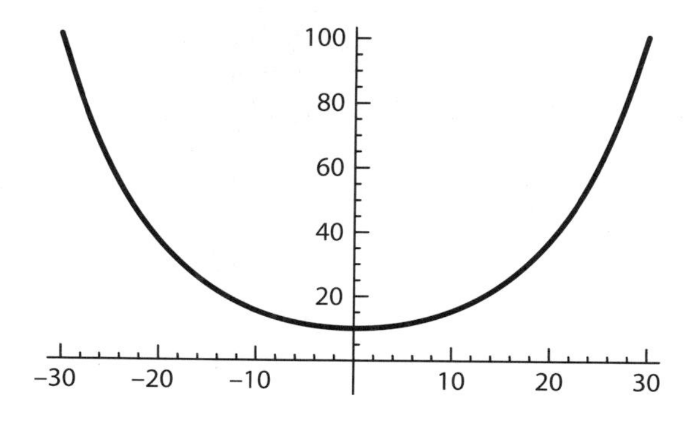

그림 5–4 현수선의 그래프

생각해보자. 모든 선은 아래로 당으려고 하지만, 모든 선이 연결되어 있으니까 땅에 최대한 가까워지는 방법이 최선의 방법인 거지. 이렇게 줄이 당겨져서 나타나는 모양을 현수선이라고 불러(**그림 5–4**).

포물선처럼 보이지만 실제로 이 모양은 포물선이 아니야. 현수선의 공식에서 증거를 찾아보자.

$$y = a\cosh\left(\frac{x}{a}\right) \tag{46}$$

a는 0이 아닌 숫자이고 $\cosh(x)$는 하이퍼볼릭 코사인 함수이지. 이 모양에서 전선은 저장된 중력 에너지를 최소화하는 거야. 마치 땅에 가까이 있는 공이 높이 있는 공보다 저장된 중력 에너지가 작은 것처럼 말이야.

아일랜드의 물리학자이자 수학자인 윌리엄 해밀턴(William Hamilton)은 자연은 에너지 구성을 최소화하는 걸 선호하는 경향이 있다고 주장했지. 그는 1827년에 우리가 '해밀턴의 정준 운동 원리'라고 부르는 이론을 명망 높은 런던 왕립 협회에 제시했지. '정준(Stationary)'이라는 단어가 들어가는 게 바로 힌트야. 물리적인 시스템이 A와 B 사이에서 취할 수 있는 가능한 모든 궤적 가운데 운동 S를 정지하게 만드는 궤적이 선택되기 때문에, 전선을 매다는 것도 여러 종류의 물리적 시스템에 포함되겠지. S가 정지하는 점이 바로 에너지 구성이 최소화되는 점과 일치한다는 거야.[iii] 자연을 한번 둘러봐. 전선이 걸려 있건, 물이 개천에서 흘러내리건, 행성이 태양 주위를 자전하건, 해밀턴의 정리에 따르면 자연은 이미

---

iii 해밀턴의 정리를 수학적으로 더 정확하게 말하자면, 수학의 한 분야인 변분학(Calculus of Variations)을 사용해 S가 정지하려면 S의 도함수가 정확하게 0으로 정의되는 조건이 필요하다.

모든 걸 최적화한 거야.

미적분을 통해 가능한 손익을 살펴보자

최적화에 대해 감탄에 감탄을 자아내는데 전화가 왔어. 아내 조라이다군. 퇴근한 뒤에 뭘 할지 물어보려는 것 같아. 오늘은 금요일이니까 보스턴 번화가로 가기로 했어. 저녁을 먹고 영화를 보러 한 시간 반 정도 뒤에 만나기로 했지. 일단 집에 가서 전철을 타고 번화가로 가야겠는데. 시간을 아껴야 하니까 일단 영화 티켓을 온라인으로 예매하려고 보니 $12에 팔고 있어. 왜 $15나 $20가 아닐까? 영화관이 티켓을 더 비싸게 판다면 돈을 더 벌지 않을까? 라는 생각을 하는데, 더 일반적인 질문이 문뜩 떠올랐어. 영화관 또는 이런 사업체들은 어떻게 가격을 책정할까?

이 질문이 조금 복잡할 수 있지만, 영화관의 수익에 중점을 두고 "영화 티켓 값을 얼마로 정해야 수익이 극대화되는가?"라는 질문을 생각해보자.

일단 몇 가지 초기 가정이 필요할 것 같아. 총 좌석 수가 2,000석인 영화관의 티켓 가격을 p라고 해보자. 티켓 가격이 $12이었던 지난달 평균 관객은 1,000명이었다고 가정하자. 종종 사업체들은 가격 변화에 대해 설문 조사를 해서, 가격이 변할 때 상품에 대한 수요가 어떻게 변할지 조사하고는 하지. 이 극장도 설문을 통해서 티켓 가격이 10센트(0.1달러)만큼 내려갈 때마다 20명의 관객이 영화를 더 보러 온다는 결과를 얻었다고 해보자. 이런 정보를 사용해 우리는 영화 티켓을 판 수익을 극대화하는 티켓 가격을 구할 수 있어. 이렇게 하면 되지.

설문을 통해 10센트를 한번 내리면 가격은 p = 12 − (1/10)이고, 두 번 내리게 되면 p = 12 − (2/10)가 되겠지. 그러니까 x는 기존 티켓 가격 $12에서 몇 번 10센트를 내리는지를 나타낸다고 할 때, 가격의 함수는 다음과 같지.

$$p = 12 - \frac{x}{10} \tag{47}$$

설문을 통해 티켓 가격을 10센트 내리면 관람객의 수가 1,000 + 20명으로 증가하고, 다시 또 10센트 내리면 1,000 + 20×2로 증가하니까, 실제로 평균 관람객을 x의 함수로 나타내면 다음과 같지.

$$1,000+20x \quad (48)$$

티켓 수익 R은 총 관람객 수 곱하기 티켓 가격이니까 이렇게 식을 만들 수 있을 거야.

$$R(x)=(1,000+20x)\left(12-\frac{x}{10}\right)=12,000+140x-2x^2 \quad (49)$$

이 함수는 어떤 구간에서 정의될까? 음, 영화관은 티켓 가격을 한 번도 내리지 않거나 또는 최대 120번까지 내릴 수 있겠지. 그렇지만 그때는 영화 티켓이 \$0이니까 수익도 없겠지. 그래서 구간은 $0 \le x \le 120$이라고 할 수 있어. 하지만 $R(120) = 0$이니까 영화 수익의 최댓값은 아니지. 반면에 $R(0) = \$12,000$인데, 이건 최댓값이 될지도 모르겠어. 이 경우에 영화관은 영화 티켓 가격을 \$12에서 내리지 않고 유지할 거야. 그전에 우선 정류점을 찾아보자. $R'(x)$를 구하면 다음과 같아.[부록 5]

$$R'(x)=140-4x \quad (50)$$

이 식에서 $R'(35) = 0$이니까 정류점은 $x = 35$가 될 거야. 하지만 영화관이 $12에 티켓을 팔 때, 이미 $12,000을 벌 수 있다는 걸 기억하자고. 그래서 영화 티켓을 $3.5(35×10센트)만큼 내렸을 때, 총 수익이 $12,000보다 큰지 확인해야 해. 수익 함수에서 $R(35)$ = $14,450라는 걸 알 수 있지.[부록 6] 이 함수는 정류점에서 최댓값을 가진다는 걸 알 수 있어.

이렇게 10센트씩 35번 가격을 내리면 지금 티켓 가격에서 총 $3.5만큼 할인하는 건데, 그렇다면 티켓 가격은 $8.5가 되겠지. 그리고 티켓 가격이 내릴 때마다 관객은 20명이 증가하니까 총 700명이 증가하게 될 거야. 영화관에 전화해서 이 최댓값을 알려주고 할인받을 수 있지 않을까? 안타깝게도 내 컴퓨터 화면에는 $12라고 적혀 있는 걸 보니, 그 값을 내고 보는 수밖에 없겠어.

집으로 돌아가는 최적의 길

티켓을 사고 조라이다가 좋아하는 인도 레스토랑에 저녁 예약을 한 뒤, 짐을 싸고 오늘 마지막으로 세 층의 계단을 내려갔지. 차로 향하는 도중에 영화 티켓을 너무 비싸게 산 것 같다는 생각을 떨

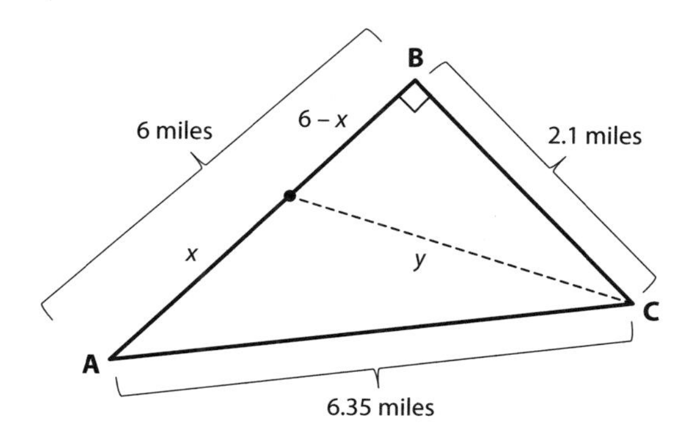

그림 5–5 내가 사무실에서 집으로 가는 길

칠 수가 없었어. 이게 최적화의 안 좋은 면인 것 같아. 사업체들은 최적화를 사용해 이익을 극대화하려고 하지. 우리도 사업체처럼 생각해서 미적분을 사용해 비용을 절약할 수 있다는 생각이 들었어. 차에 시동을 걸고 연료계를 보니까 우선 연료비부터 아껴보기로 마음을 먹었어.

보통 항상 가는 길을 통해 집에 가지만 오늘은 다르게 가보기로 마음을 먹었어. 일단 집에 가는 길에 내 목표는 연료를 최소화하는 길을 찾는 거야. 안전벨트를 매고 집까지 걸리는 20분 동안, 오늘 티켓을 비싸게 산 듯한 느낌을 보상하기 위해 내 머리가 작동하기 시작했어. 이번에는 내 이익을 위해 미적분을 사용하기로 할게.

사무실에서 집으로 갈 수 있는 몇 가지 길이 있어(**그림 5-5**). A라고 표시한 사무실과 집 C 사이를 잇는 여러 개의 길이 있지. A와 B를 잇는 도로는 최고 속도가 50mph(마일 퍼 아워)인 고속도로이고, 그 길에서 집으로 향하는 다른 길들은 최고 속도가 30mph야. 그렇다면 고속도로에서 얼마나 달리고 일반 도로로 넘어가야 사용하는 연료의 양을 최소화할 수 있을까?

첫 번째로 고려해야 하는 건 내 차의 연비지. 내 차는 고속도로에서는 36mi/gal(마일 퍼 갤런)으로 달리고, 일반 도로에서는 29mi/gal으로 달려. 그러니까 고속도로로 x마일을 간 뒤 나머지 거리 y를 간다면 내가 소비하는 연료의 양은 다음과 같아.

$$g = \frac{x}{36} + \frac{y}{29} \tag{51}$$

세 점 A, B, C의 거리를 사용해(**그림 5-5**) g를 x의 함수로 나타낼 수 있지.[부록 7]

$$g(x) = \frac{x}{36} + \frac{\sqrt{(6-x)^2 + 4.41}}{29} \tag{52}$$

이 경우에 끝점을 찾는 건 쉽지. 그냥 고속도로를 타지 않고 바로 C로 가거나, 아니면 B까지 쭉 고속도로로 운전하면 돼. 이걸 x로 나타내자면 구간은 $0 \le x \le 6$이 될 거야. $g(0) \approx 0.22$갤런이고 $g(6) \approx 0.24$갤런이니까 정류점에서 $g(x)$ 값이 0.22보다 작지 않으면 고속도로를 타지 않는 게 더 좋다는 말이겠지.

$g'(x)$를 구해서 0을 만드는 x 값을 찾으면, 구간 $0 \le x \le 6$ 안에서 정류점은 $x \approx 3.14$마일 하나뿐이지.[부록 8] 하지만 $g(3.14) \approx 0.21$이니까 가장 최적의 길은 3.14마일까지 고속도로를 타고 나서, 일반 도로로 빠지는 거야.

자, 이제 집에 돌아가는 가장 좋은 길을 찾았어. 사용하는 기름을 최소화했다는 걸 아니까 즐겁게 집에 갈 수 있을 것 같아.[iv] 집에 가는 길에 사용할 수 있는 기름은 최대 0.24갤런이고 최소 0.21갤런이니까 내가 아끼는 양은 0.03갤런이지. 갤런당 $4 정도 하니까 거의 12센트 정도 아끼는 거야. 생각보다 얼마 안 되네. 하지만

---

iv 엄밀히 말하자면 이 분석은 약간 복잡하지만, 이게 바로 이 문제를 근본적으로 단순화한 처리 방법이다. 많은 요인을 무시할 수 있다. 예를 들어, 연비는 속도에 따라 달라진다는 걸 이 문제에서 무시할 수 있었다. 또 A, B, C를 잇는 도로들은 그림처럼 일자가 아니다. 하지만 어떻게든 시작해야 한다. 그렇지 않은가?

UPS나 FedEx 같은 회사들이 이런 최적화를 사용한다고 생각해 봐. 각 트럭이 6.7마일(내가 집에 갈 때 이동한 거리)을 이동할 때마다 12센트를 아끼니까 엄청난 양이 되겠지. 이걸 말해주면 엄청난 보너스를 받지 않을까?

미적분을 통해 효율적으로 속도위반을 잡아보자

집에 절반쯤 왔을 때 아직 고속도로에 있었지. 멀리 경찰차가 보여. 나는 제한 속도에 딱 맞춰서 운전하고 있지. 내 차를 지나치는 차들은 다 속도를 위반한 거야. 하지만 경찰이 속도 측정기를 정확한 타이밍에 찍지 않으면 운전자는 과속 딱지를 피할 수도 있어. 그리고 경찰을 보게 되면 대부분 운전자는 속도를 줄이니까 이런 방식으로 과속하는 사람들을 잡는 건 매우 비효율적이라는 거지. 만약 경찰서에서 과태료 수익을 최대화하거나 과속으로 말미암은 교통사고를 최소화하려고 한다면 더 좋은 방법을 찾아야 해. 경찰들에겐 다행스럽게도 더 좋은 방법이 있지. 여기에 최적화는 간접적으로만 연관되어 있지만, 굉장히 중요한 미적분 정리 중 하나인 평균값 정리를 사용하게 돼.

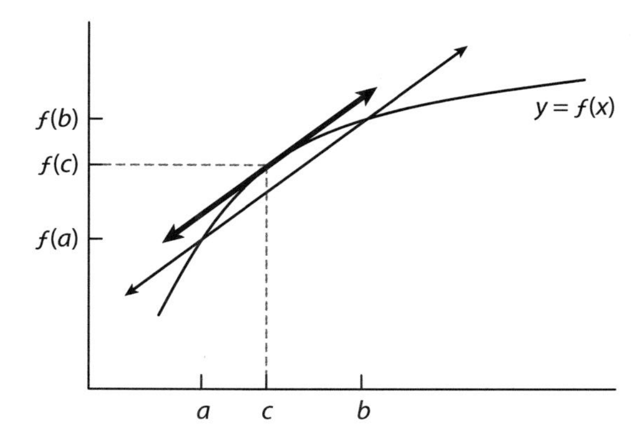

그림 5–6 평균값 정리의 예. 굵은 선은 기울기가 $f'(c)$이다.

간단히 말해서 평균값 정리(MVT, Mean Value Theorem)는 미분 가능한 함수 $f(x)$를 그리고, 두 점 $(a, f(a))$와 $(b, f(b))$ 사이에 선을 긋고 나서, a와 b 사이에 c라는 점에서 만나는 접선의 기울기 $f'(c)$가 두 점 사이에 그린 선의 기울기와 같다는 거지. 뭐라고? 자, 이럴 때 그림을 보는 게 내가 천 번 설명하는 것보다 나을 거야. **그림 5–6**을 봐. 그림을 보면서 평균값 정리를 천천히 읽어볼까? 이 정리에서 중요한 부분은 다음 식을 만족하는 x 값 c가 구간 $a < c < b$에 존재한다는 거지.

$$f'(c) = \frac{f(b) - f(a)}{b - a} \tag{53}$$

이 시점에서 도대체 어떻게 수학을 사용해 과속하는 사람들을 잡을 수 있을까? 라고 궁금해할지도 모르겠어. 자, 어떻게 미적분이 서로 관련이 없는 것 같은 현상들을 연결하는지 잘 나타내주는 멋진 예를 하나 더 알려줄게.

내가 멀리서 본 경찰이 나를 막 지나친 차의 속도를 잰다고 생각해봐. 하지만 그 차의 운전자도 경찰을 봤기 때문에 제시간에 속도를 줄일 수 있었지. 경찰이 가진 속도 측정기에는 운전자의 속도가 정확하게 제한 속도인 50mph라고 나올 거야. 하지만 한 50초 정도 뒤에 1마일 뒤에 있던 경찰이 다시 똑같은 차의 속도를 다시 쟀는데 속도가 45mph라고 나왔다고 상상해보자. 분명 이 운전자는 두 지점을 지나는 시점에서는 모두 과속하지 않았지만, 두 경찰이 기록을 대조하면서 평균값 정리를 사용해보면 구간 $0 < t < 50$ 안의 어떤 시점 c에서 그 운전자의 속도 $s'(c)$가 다음과 같았다고 말할 수 있지.

$$s'(c) = \frac{s(50) - s(0)}{50 - 0} = \frac{1\,\text{mile}}{50\,\text{seconds}} = 72\,\text{mph}$$

50mph 도로에서 이건 분명히 과속이란 말이야! 믿거나 말거나 몇몇 고속도로에서는 자동차들의 속도를 한 구간의 시작 지점과

끝 지점에서 재서 비교하는 걸 이미 사용하고 있기도 해. 그러니까 다음에 몇백 미터 사이로 떨어진 카메라들을 본다면 속도를 줄이는 게 좋을 거야.

자, 경찰이 과속하는 운전자들을 잡는 데 도움을 줄 수 있을 거라고 생각한 걸 제외하곤 별다른 일 없이 집에 돌아왔어. 최적화된 길을 따라와서 고작 20센트를 절약했지만, 여전히 관련이 없어 보이는 생물학과 경제, 물리, 그리고 '집으로 운전하는 길에 돈 절약하기' 같은 것들을 최적화를 통해 연관지었다는 게 너무 기분이 좋은걸. 특히나 만족스러운 점은 내 코코아 컵의 궤적을 간단히 생각해보면서 정류점이라는 개념이 최적화에서 얼마나 중요한 부분인지 알게 된 거지. 때로는 매우 간단한 현상의 결과에 대해서도 주의 깊게 생각하다 보면, 그 뒤에 숨겨진 굉장히 깊고 심오한 부분들을 이해할 수 있게 되지. 다음 장에서는 이 별 볼일 없어 보이는 평균값 정리의 예가 어떻게 미적분의 다른 반쪽인 적분 이론의 토대가 되는지 얘기해보려고 해.

미적분의 방식대로 더해보자

기관사가 앞의 지하철이 고장 났다고 말해주고 있어. 내가 내릴 정거장까지 5분도 안 걸릴 텐데, 그냥 기다려야 할 것 같아. 하지만 얼마나 기다려야 할까?

내가 5분 넘게 기다릴 확률이 얼마나 될까?

한 20분 정도 걸려서 집에 돌아왔어. 빠르게 집에 들어가서 일상복으로 갈아입으려고 해. 일상복으로 갈아입는다는 건 청바지를 입겠다는 말이지. 그리고 청바지가 네 벌밖에 없어서 5분이면 옷을 갈아입고 지하철 타러 갈 준비가 끝났지.

나는 플로리다 주의 마이애미에서 자랐는데, 북쪽으로 이사 오기 전에는 대중교통을 이용해 본 적이 없어. 하지만 우리 집에서 가까운 정거장까지 1분이면 충분하니까 대중교통을 이용하는 게 어렵진 않았지. 매사추세츠 교통국(MBTA)이 지하철을 운영하는데 1897년도에 미국에서 가장 먼저 지하철 터널이 건설된 곳이 바로 보스턴이지.[23] 그렇게 긴 역사를 가졌으니까 MBTA의 시스템이 오늘날 광범위하게 사용되는 것도 놀랍지 않지. 2009년에 MBTA 시스템은 승객 수에서 미국 전체 5위를 했고 그 해 동안 370,000

회, 총 1,800,000마일을 운행했다고 하네.[24]

그렇게 많은 지하철을 관리하고 매우 높은 수요를 맞춰야 하니까 MBTA는 항상 언제가 지하철을 점검하기 좋은 시간인지 결정해야 하지. 이건 최적화 문제 같이 들리지만 MBTA는 조금 더 간단한 방법을 사용해. 각 지하철이 일정 거리를 운행하고 나면 무조건 점검을 받는 거지. 3,000에서 5,000마일마다 자동차 오일을 갈아주는 것처럼 말이야. 하지만 여기에는 문제가 하나 있어. 지하철이 이동한 거리를 어떻게 계산하지? 만약 직선으로만 운행한다면 쉬운 문제지. 하지만 철도는 때로는 꺾이기도 하고 때로는 구불구불하기도 하잖아. 이런 철도의 길이를 구하는 방법을 찾아야 해. 이 문제는 근본적으로 우리가 보아왔던 문제들하고는 달라. 이건 변화에 대한 문제가 아니니까 도함수가 있지는 않을 거야. 어디서부터 시작해야 할지 모르더라도 걱정하지 마. 40분 내로 번화가에 가야 하니까, 그동안 미분의 쌍둥이 형제인 적분을 충분히 설명해 줄 시간이 있을 거야.

적분이라는 이름의 장치

지금 내가 전철을 타는 정거장은 어디에서나 볼 수 있을 것 같이 평범해. 추운 겨울에 바람을 막도록 둘러싸인 의자들과 티켓을 살 수 있는 기계들이 몇 개 있지. 그리고 물론 철도가 있어. 양쪽으로 계속해서 철도가 이어지는데, 멀리 희미하게 전철처럼 생긴 것이 보여. 내가 타려는 지하철은 초록색 D 선인데,[i] 이게 초록색 지하철 중에는 가장 빠르거든. 아직 정거장에서 멀리 있으니까 기관사는 전철을 상대적으로 빠른 속도로 운행하고 있지. 전철을 타본 경험에 따르면 음, 대충 35mph 정도의 속도로 달리는 것 같아. 몇 분 내로 전철이 들어오면 이번 장에서 거리 문제를 설명해 볼 기회가 생기겠어. 조금 쉬운 질문을 하나 할게. 지하철이 35mph로 달린다면 여기서 얼마나 멀리 있는지 알 수 있을까?

물론 알 수 있지. '거리 = 속력 × 시간' 공식을 사용하면 되겠지. 추측하건대 전철이 한 30초(즉, 0.0083시간) 후에는 도착할 거 같아. 그러면 전철은 다음 거리만큼 떨어져 있다고 할 수 있지.

---

i MBTA 전철 시스템은 지역에 따라 여러 가지 색상의 라인들로 나누어져 있다. 초록색 라인은 동쪽에서 서쪽으로 왔다갔다 운행한다. 초록색 같은 라인이 또 여러 지선으로 나뉘는 경우는 알파벳으로 나타낸다.

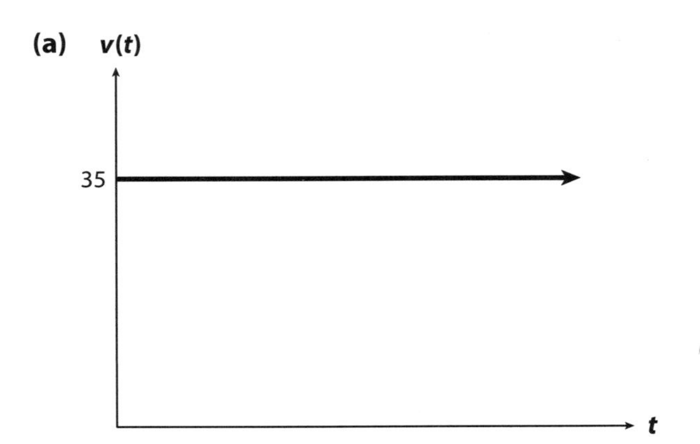

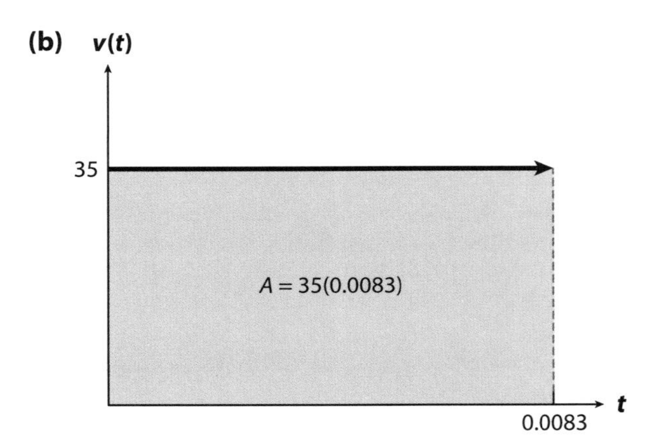

그림 6–1 (a) 함수 $v(t) = 35$의 그래프 (b) 색칠한 영역이 0.0083시간 동안 이동한 거리를 나타낸다.

$$d = 35(0.0083) \approx 0.3\text{mile} \tag{54}$$

이걸 그래프를 통해 시각화해보자. 전철의 속도를 $v(t)$라고 하면 같은 속도로 가고 있는 전철이니까 $v(t) = 35$겠지. **그림 6–1**(a)에 이 함수의 그래프를 나타냈어. 하지만 이 그래프에서 전철이 이동한 거리가 0.3마일이라는 걸 알 수 있을까?

그렇다면 기하학적으로 거리가 속력×시간이라면(간단히 $d = rt$), 우리는 **그림 6–1**(b)의 사각형 넓이를 찾는 거야. 이건 간단해 보이지만 엄청난 결과로 이어지지.

사실 (54)번 공식에서 d의 답은 맞지 않아. 전철이 일정한 속도 35mph로 이동하고 있다고 가정했던 걸 기억하지? 하지만 우리가 계산했던 건 전철이 내 바로 앞에서 순간적으로 정지한다고 가정한 거지. 실제로 이렇게 한다면 승객들이 굉장히 다칠 수 있으니까, 기관사는 정류장에 들어서면서 감속하기 시작할 거야. **그림 6–2**(a)는 조금 더 현실적인 속도 함수를 나타내고 있어. 정류장에 도착하기 15초, 즉 0.0042시간 전부터 기관사가 일정한 가속도로 감속한다고 가정해보자.

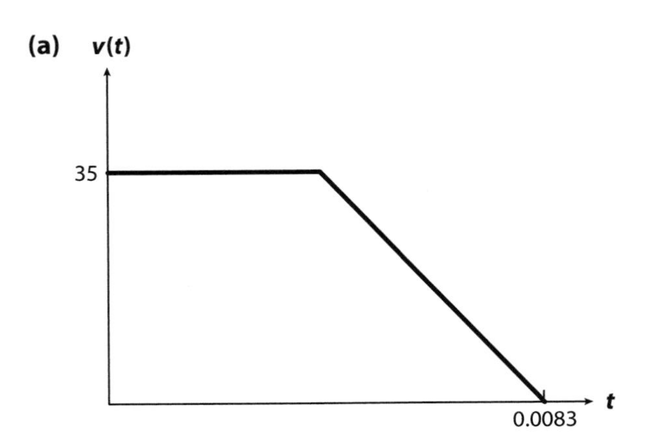

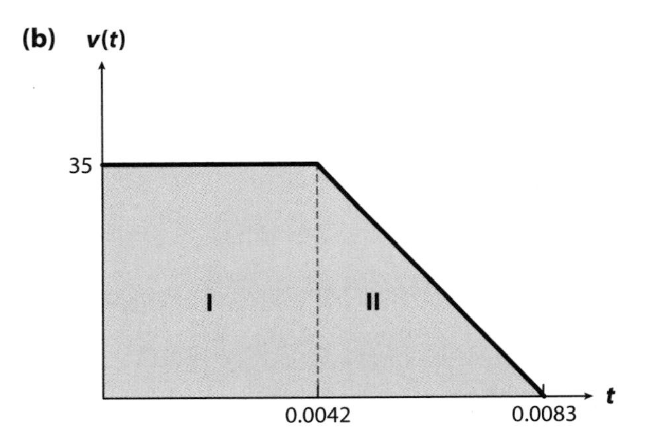

그림 6–2 (a) 조금 더 현실적인 지하철의 속도 함수 $v(t)$의 그래프 (b) 색칠한 영역들의 총합이 이동한 거리를 나타낸다.

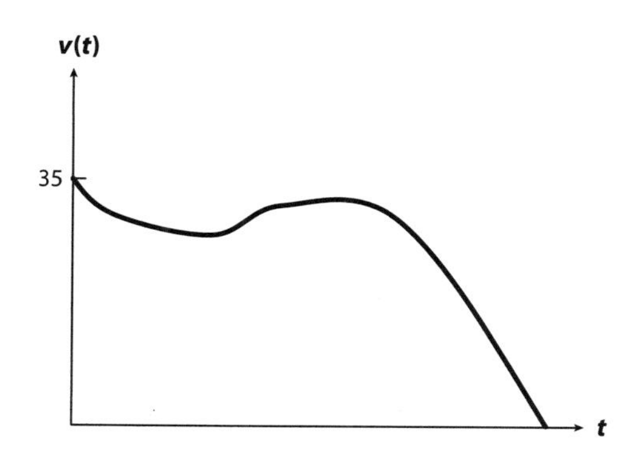

그림 6–3 더욱 더 현실적인 지하철의 속도 함수 $v(t)$의 그래프

다시 이동한 거리를 알아내려면 여전히 $d = rt$를 사용하지만 두 가지 다른 넓이를 구해야 해. **그림 6–2**(b)의 사각형 I와 삼각형 II를 구해야 하지. 이 두 넓이는 각각 거리 d_1과 d_2에 해당하니까 둘의 합이 지하철이 이동한 총 거리겠지. 이 넓이들을 계산하면 약 0.22마일이라는 값을 얻을 수 있어.[부록 1]

이 방식이 분명 더 나은 접근 방식이지만, 우리는 기관사가 일정한 비율로 감속한다고 제한하는 가정을 했지. 만약에 비율이 일정하지 않다면? 그리고 감속하기 전에 지하철의 속도가 정확히 일정하게 35mph가 아니라면? 더 현실적인 속도 함수를 **그림 6–3**에 나타냈지(약속할게, 마지막이야). 이 함수는 여러 가지 변수들을 설명하고 있어.

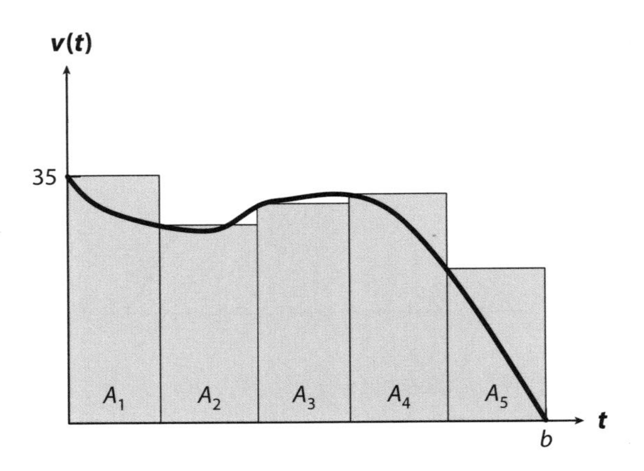

그림 6-4 다섯 개의 사각형을 사용해 곡선 아래의 넓이를 추정해보자.

똑같은 방식으로 이동한 거리를 구할 수도 있지만($v(t)$ 그래프의 면적을 구하는 것), 아직 어떻게 곡선의 넓이를 구하는지 모르잖아. 2천 년간 수학자들을 쩔쩔매게 한 고전적인 문제 중 하나지. 하지만 우리가 미적분에서 배운 걸 생각해보자. 극한을 통해서 기적을 만들어 낼 수 있었지. 결국에는 2장에서 도함수 $f'(x)$를 h가 0에 가까워지게 만들어서 구했지. 그리고 5장에서는 미분을 Δf와 Δx로 나타냈지. 이런 접근 방식을 통해 넓이의 극한값을 구해보자.

일단 사각형들의 넓이를 사용해 **그림 6-3**의 $v(t)$ 그래프의 아래 넓이 A의 근삿값을 구해보자. $v(t) = 0$을 만족하는 t를 b라고 할 때 **그림 6-4**처럼 5개의 사각형을 사용해 근삿값을 구해보려고 해. 아직 값은 모르지만, 다음과 같이 나타낼 수 있지.

$$\int_a^b v(t)dt \tag{55}$$

앞선 수식에서 길고 가느다란 모양의 S는 적분(Integral) 기호라고 부르고, dt는 우리가 사용하는 독립 변수(여기서는 t)와 연결해서 생각하면 돼. 또한, 0과 b를 보면 우리가 구하려는 넓이가 $t = 0$에서 $t = b$까지 걸쳐 있다는 걸 알 수 있어. 이런 이유로 이 수식을 "구간 $[0, b]$에 대한 함수 $f(x)$의 정적분"이라고 읽고, 이게 바로 수학자들이 곡선 아래의 넓이를 나타내는 방식이야. 정적분에서 '정'이라는 단어는 적분 기호에 적분의 범위(여기서는 0과 b)가 있을 때 사용하는 단어야.[ii] 우리가 **그림 6-4**에 나타낸 다섯 개의 사각형 넓이를 사용해 실제 넓이의 근삿값을 구하려고 하니까 수학적으로 다음과 같다고 말할 수 있지.

---

ii 적분의 범위가 없다면 부정적분이라고 부른다.

$$\int_0^b v(t)dt \approx A_1 + A_2 + A_3 + A_4 + A_5 \tag{56}$$

조금 간단하게 하고자 사각형들이 다 같은 너비를 가진다고 가정해보자. 여기서는 $b/5$가 되겠지. 그리고 그래프에 닿는 왼쪽 위 꼭짓점이 사각형의 높이야. 예를 들어, 첫 번째 사각형의 높이는 $v(0)$이고, 두 번째 사각형의 높이는 $v(b/5)$라고 할 수 있어. 마지막 사각형의 높이는 $v(4b/5)$가 되겠지. 사각형 넓이가 높이×너비니까 근삿값은 다음과 같아.

$$\begin{aligned}\int_0^b v(t)dt &\approx \frac{b}{5}v(0) + \frac{b}{5}v\left(\frac{b}{5}\right) + \frac{b}{5}v\left(\frac{2b}{5}\right) + \frac{b}{5}v\left(\frac{3b}{5}\right) + \frac{b}{5}v\left(\frac{4b}{5}\right) \\ &= \frac{b}{5}\left[v(0) + v\left(\frac{b}{5}\right) + v\left(\frac{2b}{5}\right) + v\left(\frac{3b}{5}\right) + v\left(\frac{4b}{5}\right)\right]\end{aligned} \tag{57}$$

이제 5개가 아니라 10개, 100개 또는 n개의 사각형을 사용해서 근삿값을 구할 수도 있겠지. 모든 사각형이 같은 너비를 가진다고 가정하면 각각의 너비는 b/n가 될 거야. 앞선 패턴처럼 첫 번째 사각형의 높이는 여전히 $v(0)$이고 두 번째 사각형의 높이는 $v(b/n)$이고 세 번째는 $v(2b/n)$인 것처럼 계속하면, 마지막 사각형의 높이가 $v((n-1)b/n)$가 되겠지. 새로운 근삿값은 다음과 같아.

$$\int_0^b v(t)dt \approx \frac{b}{n}\left[v(0)+v\left(\frac{b}{n}\right)+\cdots+v\left(\frac{(n-1)b}{n}\right)\right] \quad (58)$$

이 넓이의 합을 리만합(Riemann Sum)이라고 부르는데, 1853년에 곡선 아래의 넓이 문제를 푼 독일 수학자인 베른하르트 리만(Bernhard Riemann)의 이름을 딴 거지. 수학자들은 대괄호 안의 합을 다음과 같이 바꿔서 나타내.

$$\sum_{i=0}^{n-1} v\left(\frac{ib}{n}\right) = v(0)+v\left(\frac{b}{n}\right)+\cdots+v\left(\frac{(n-1)b}{n}\right) \quad (59)$$

좌변에 E처럼 생긴 기호는 그리스 문자 시그마인데 이건 $i = 0$부터 $i = n - 1$까지 $v(ib/n)$들을 더한 값을 뜻하지. 이 새로운 기호를 사용해 공식을 다시 적어볼게.

$$\int_0^b v(t)dt \approx \frac{b}{n}\sum_{i=0}^{n-1} v\left(\frac{ib}{n}\right) = \sum_{i=0}^{n-1} v\left(\frac{ib}{n}\right)\frac{b}{n} \quad (60)$$

여기까지가 미적분을 사용하지 않고 할 수 있는 최대지만, 다행히 한 가지 직감적인 단계만 남았어. **그림 6-4**를 보면 다섯 개의 사각형을 사용하는 게 하나의 사각형을 사용하는 것보다 더 좋은 근삿값을 얻을 수 있었어. 그렇다면 사각형의 개수를 늘릴수록 근삿값이 실제 값에 더 가까워진다고 할 수 있어. 만약 우리가 무한대의 사각형을 사용한다면 근삿값이 아니라 정확한 실제 값을 구할 수 있다는 논리적인 결론에 이르게 돼. 미적분학 용어로 말하자면 리만합에서 사각형의 개수 n이 무한대로 가는 극한을 구하면 되지.

$$\int_0^b v(t)dt = \lim_{n\to\infty}\sum_{i=0}^{n-1} v\left(\frac{ib}{n}\right)\frac{b}{n} = \lim_{n\to\infty}\sum_{i=0}^{n-1} v(t_i)\frac{b}{n} \qquad (61)$$

마지막 공식에서 ib/n를 t_i라고 썼는데, 그건 다음과 같은 중요한 사실을 강조하기 위해서야. 앞서 각 사각형의 높이는 왼쪽 위 꼭짓점에서 구했지만, 오른쪽 위 꼭짓점을 사용하거나 사각형의 중간 지점을 사용할 수도 있어. 실제로 그래프와 사각형이 만나는 점을 t_i라고 한다면 $v(t_i)$는 그 사각형의 높이가 되겠지(**그림 6-5**).

어휴! 엄청 길었네! 하지만 잠깐 뒤돌아서 우리가 뭘 이루어낸 건지 확인해보자. 양의 속도 함수 $v(t)$(**그림 6-3**과 같이)가 주어졌을 때, (61)번 공식을 사용해 사각형의 넓이를 구해서 더하면 총 이동한 거리를 구할 수 있다는 거지.

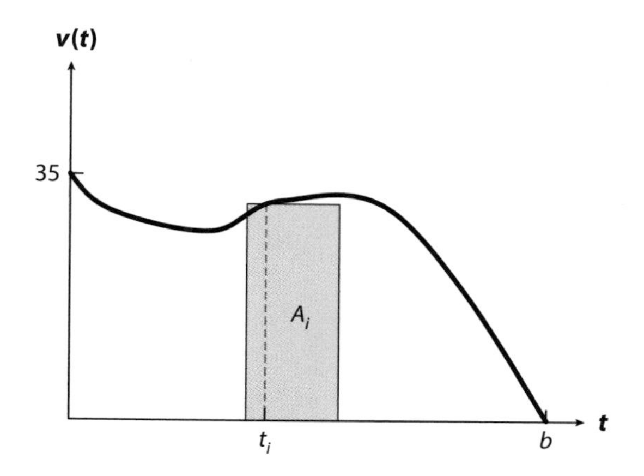

그림 6–5 높이 $v(t_i)$의 사각형을 확대한 그래프

정말 놀랍지 않아? 우리가 방금 알아낸 건 몇 천 년 동안 수학자들이 고민한 문제를 해결한 것뿐만 아니라, 많은 함수에 적용할 수 있는 거야. 예를 들어, 어떤 연속 함수 $f(x)$의 그래프에서 $x = a$와 $x = b$ 사이의 넓이를 다음과 같이 방금 알아낸 방식 그대로 구할 수 있다는 거지.

$$\int_a^b f(x)dx \tag{62}$$

미적분의 절반은 이런 함수들의 적분과 관련되어 있고, 미분과 함께 미적분학이 된 거야. 격언 "변화가 있는 모든 곳에 도함수가 있다."처럼 정적분도 비슷한 격언을 하나 남기려고 하는 것 같아. "어떤 수량이 더해지는 곳에 적분이 있다." 하지만 (61)번 공식에는 결함이 하나 있어. 실제로 극한값을 구해서 적분을 구하기는 어려워. 2장에서 극한표가 있었지만 다른 방법을 찾은 것처럼 조금 빠른 방법을 구해보자. 도함수는 접선의 기울기와 관련이 있고 적분은 곡선 밑의 넓이를 구하는 거니까 둘은 서로 달라 보이지. 하지만 운명의 장난처럼 두 가지 주제가 아름다운 관계로 연관되어서, 계산하는 데 생기는 어려움을 해결할 수 있게 되지.

미적분학의 기본 정리

역시나 지하철은 천천히 감속해서 안전하게 정류장으로 들어왔고 나는 지하철에 올라탔지. 다행히도 몇 자리가 비어 있어서(항상 그렇지는 않아) 앉아서 조라이다에게 지하철에 탔고 30분 정도 뒤면 번화가에 도착할 것 같으니 그때 인도 레스토랑에서 만나자고 문자를 했지. 이제 다시 적분을 계산하는 문제로 돌아가 보자.

이 문제의 접근 방식은 여러 가지 단계가 필요해. 첫째로 $v(ib/n)$를 찾고 리만합을 구한 다음에 극한값을 구해야 하지. 더 쉬운 방법이 분명 있을 거라고 예상할 수 있어. 하지만 이 쉬운 방법을 적분과 미분 사이의 기본적인 관계에서 찾을 수 있다는 점은 예상하기 어렵지. 놀라운 사실을 설명해줄게. 5장에서 2명의 경찰이 서로 소통하면서 평균값 정리(MVT)를 사용해 과속 운전자들을 잡았던 걸 기억해봐. 이 정리를 사용하면 두 시점 $t = a$와 $t = b$ 사이에 c가 있는데, 이 시점 c에서 운전자의 속도 $v(c)$가 다음 식을 만족한다고 할 수 있지.

$$v(c) = \frac{s(b) - s(a)}{b - a} \tag{63}$$

여기에서 $s(t)$는 운전자의 위치 함수야. 이제 운전자랑 자동차를 기관사와 지하철로 바꿔보자. 쉽게 평균값 정리를 움직이는 지하철에 적용할 수 있겠지.

무슨 일이 일어나는지 알아보려고 우선 첫 번째 구간 $0 \leq t \leq b/n$를 살펴보자. 평균값 정리에 따르면 구간 $0 \leq t \leq b/n$에 어떤 t값 t_0가 있는데, 그 시점에서 지하철의 속도 $v(t_0)$가 다음 식을 만족한다는 거지.

$$v(t_0) = \frac{s\left(\frac{b}{n}\right) - s(0)}{\frac{b}{n} - 0}, \quad \text{또는} \quad \frac{b}{n}v(t_0) = s\left(\frac{b}{n}\right) - s(0) \qquad (64)$$

하지만 다음 구간 $b/n \le t \le 2b/n$에도 평균값 정리를 적용할 수 있고, 그다음 구간에도 계속 적용할 수 있겠지. 그러면 그 중간 t 값들 t_1, t_2, …, t_{n-1}을 얻을 수 있을 거야.

$$\frac{b}{n}v(t_1) = s\left(\frac{2b}{n}\right) - s\left(\frac{b}{n}\right), \quad \cdots,$$

$$\frac{b}{n}v(t_{n-1}) = s(b) - s\left(\frac{(n-1)b}{n}\right) \qquad (65)$$

이 식들을 다 더하면 다음 식을 얻을 수 있어.[부록 2]

$$\sum_{i=0}^{n-1} v(t_i)\frac{b}{n} = s(b) - s(0) \qquad (66)$$

이 결과를 사용해 지하철이 이동한 거리를 구해보면 다음과 같아.

$$\int_0^b v(t)dt = \lim_{n\to\infty}\left[\sum_{i=0}^{n-1} v(t_i)\frac{b}{n}\right] = \lim_{n\to\infty}\left[s(b) - s(0)\right] = s(b) - s(0) \quad (67)$$

$s(b) - s(0)$은 n이 무한대로 가더라도 변하지 않는 숫자니까 이렇게 쓸 수 있지.

우리가 방금 발견한 게 바로 구간 $0 \le t \le b$에서 함수 $v(t)$를 적분하는 훨씬 쉬운 방법이지. (67)번 공식의 답은 그냥 $s(b)$ ($t = b$일 때 지하철의 위치)에서 $s(0)$ ($t = 0$일 때 지하철의 위치)를 뺀 값이 답이라는 거야. 즉, 속도 함수 $v(t)$를 $t = 0$에서 $t = b$까지 적분해서 지하철이 정류장에 올 때까지 이동한 거리 $s(b) - s(0)$을 구할 수 있었어.

이런 식으로 보면 이 결과가 별로 근본적으로 보이진 않지. 우리가 이미 알고 있는 걸 말해주는 것처럼 보여. 이미 전동차가 멈춘 위치($s(b)$)에서 전동차가 시작한 위치($s(0)$)를 빼면 그게 이동한 거리라는 건 알고 있잖아. 그러니까 이 결과를 일반적인 함수 $f(x)$에 적용해보자.

$$\int_a^b f(x)dx = F(b) - F(a) \tag{68}$$

여기서 질문 하나: F는 어떤 함수일까? 음, 속도 문제에서 F는 위치 함수 $s(t)$였지. 이때, 위치 함수의 도함수 $s'(t)$가 속도 함수 $v(t)$와 같았어. 또한, 일반적으로도 이러한 관계가 성립한다고 알려져 있지. 따라서 F와 f의 관계를 다음과 같이 쓸 수 있지.

$$F'(x) = f(x), \quad \text{또는} \quad F(x) = \int f(x)dx \tag{69}$$

수학자들은 이 함수 $F(x)$를 $f(x)$의 '역도함수'라고 부르지. 즉, $f(x)$를 도함수로 가지는 함수라는 걸 뜻해.[iii] 그래서 내가 조금 전에 약속했던 정적분을 구하는 쉬운 방법이 바로 여기 있어. 결론적으로 (68)번 공식을 통해 $f(x)$의 정적분을 구하려면 역도함수 $F(x)$를 먼저 구한 뒤에 $F(b) - F(a)$ 값을 구하면 된다는 거야.

이 새로운 접근 방식이 얼마나 대단한지 알아보려면 1장에서 얘기했던 "공중으로 던진 모든 물체는 포물선 궤적을 그린다."를 다

---

iii 적분 기호를 사용했지만, 이번에는 부정적분인 점에 주의하자.

시 확인해보자. 갈릴레오가 알아냈듯이 모든 물체는 일정한 가속도로 떨어지게 되지. 그러니까 $a(t) = -g$라고 할 수 있어. 물체의 속력 $v(t)$와 가속도 $a(t)$의 관계는 $v'(t) = a(t)$이니까 $a(t)$의 역도함수가 $v(t)$라고 할 수 있지. 그래서 다음 식이 성립하지.[부록 3]

$$v(t) = \int a(t)dt = \int -g\,dt = v_0 - gt \tag{70}$$

이때 v_0는 물체의 초기 속도야. 게다가 수직 위치 $y(t)$에 중점을 두고 보자면, 우리는 물체의 위치가 속도가 $y'(t) = v(t)$로 연관되어 있다는 것을 아니까 다음과 같이 쓸 수 있지.[부록 4]

$$y(t) = \int v(t)dt = y_0 + v_0 t - \frac{1}{2}gt^2 \tag{71}$$

여기에서 y_0는 물체의 초기 수직 위치를 나타내지. 1장에서 물방울이 샤워기에서 떨어질 때 수직 위치를 분석하려고 사용했던 공식을 다시 유도한 거지. 하지만 이번에는 근거를 가지고 물체의 속도가 1차 함수에 따라 변하는 경우를 해결한 거야.

(68)번 공식에서 함수 $f(x)$의 적분을 역도함수 $F(x)$에 연관 짓는 부분이 바로 미적분학에서 미분과 적분의 관계를 나타내는 거야. 실제로 $f(x) = F'(x)$를 (68)번 공식에 대입하면 다음과 같이 나타낼 수 있지.

$$\int_a^b F'(x) = F(b) - F(a) \tag{72}$$

미분과 적분이 서로를 원상태로 되돌린다는 거지. 이런 이유로 (68)번 공식을 '미적분학의 기본 정리'라고 불러. 하지만 이렇게 어려워 보이는 단어가 간단한 평균값 정리에서 나왔다는 걸 기억하길 바래.

적분을 통해 대기 시간을 추정해보자

지하철에서 평균값 정리와 적분, 미분 사이의 경이로운 관계를 이야기하던 중에 창문 밖을 보니까 지하철이 멈춰 있었어. 가끔 앞 지하철이 너무 가깝게 있으면 신호를 받아서 멈추고는 해. 하지만 일반적인 때보다 오래 기다리고 있는 걸. 기관사가 앞의 지하철이 고장 났다고 말해주고 있어. 이런, 내가 내릴 정거장까지 5분도 안 걸릴 텐데, 이제 여기에서 얼마나 오래 기다려야 하는지 모르겠군. 이게 오래된 지하철을 탈 때 안 좋은 부분인 것 같아.

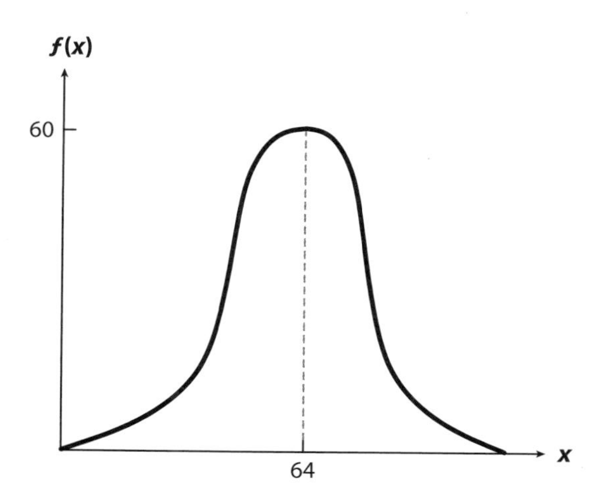

그림 6-6 미국 성인 여성의 키 분포를 나타내는 확률밀도함수

우선 조라이다에게 전화해서 늦을 거라고 말해야겠는데 핸드폰 신호가 안 잡혀. 그냥 기다려야 할 것 같아. 하지만 얼마나 기다려야 할까? 5분 넘게 걸리면 조라이다와 저녁 약속에 늦게 된단 말이지. 더 자세히는 "내가 5분 넘게 기다릴 확률이 얼마나 될까?"라고 물을 수 있지. 이건 확률에 관한 문제야.

우리 모두는 어느 정도 확률에 대해 알고 있지. 큰 가방에 빨간색

공이 3개, 파란색 공이 7개 있다고 상상해봐. 공 하나를 꺼내게 되면 빨간색일 확률이 어떻게 될까? 답은 당연히 3/10 또는 30%겠지. 그리고 모든 확률을 더하면 1이 되어야 하니까 파란색 공을 꺼낼 확률은 1 − 0.3 = 0.7 또는 70%가 될 거야.

하지만 결과의 수가 연속 변수 x라면 문제가 조금 더 복잡해지지. 이럴 때는 확률밀도함수(PDF, Probability Density Function)라고 부르는 $f(x)$를 사용해야 해. 예를 들어, 미국 성인 여성의 키 분포를 설명하는 확률밀도함수는 가우스 분포를 띈다고 할 수 있는데, 그 그래프가 바로 자주 볼 수 있는 '종 모양'의 곡선이지(**그림 6-6**). 많은 미국의 성인 여성을 표본으로 해서 키를 잰 결과 이 곡선을 얻을 수 있었어. 예를 들어, 이 그래프를 보면, 표본의 60%의 키가 64인치, 즉 162.56cm라고 나타내지. 이 키가 미국 성인 여성의 키 중 가장 자주 나타난 키라는 걸 다른 말로 하자면, 이 모집단의 평균 키가 64인치라는 것과 같지.[25]

이제 확률밀도함수를 해석하는 건 간단해. 확률밀도함수는 x가 어떤 값일 때의 확률을 나타내는 거지. 그러니까 $a \leq x \leq b$ 범위 내에 x가 존재할 확률을 $P(a \leq x \leq b)$라고 쓰고, 이 확률을 구하려면 a에서 b까지의 구간에 있는 x의 확률을 각각 더해야 하는 거지. 새로운 주문을 외워봐. “어떤 수량이 더해지는 곳에 적분이 있다”. 확실히 (67)번 공식에 도달하려고 사용한 방식을 다시 사용하면, 다음과 같은 식을 얻을 수 있어.

$$P(a \le x \le b) = \int_a^b f(x)dx \tag{73}$$

하지만 내가 궁금한 건 5분 넘게 기다릴 확률이야. 모든 확률을 더하면 1이 돼야 하니까, 우리가 구하려고 하는 확률은 1에서 5분 이내로 기다릴 확률을 뺀 값과 같지.

$$P(x > 5) = 1 - \int_0^5 f(x)dx \tag{74}$$

대기 시간에 대해 자주 사용하는 확률밀도함수는 지수 분포를 따르지.

$$f(x) = \frac{1}{m} e^{-x/m}, \quad x \ge 0 \tag{75}$$

여기에서 m은 평균 대기 시간을 뜻해. 내가 만약 이 경우에 해당하는 m을 안다면 이 확률밀도함수를 사용해서 내가 5분 넘게 기다릴 확률을 구할 수 있겠지. 내 경험상 나는 10분 이상 지하철을 기다린 적이 없었어. 그리고 종종 지하철이 떠날 때 바로 도착하고는 했었지. 그러니까 내가 추정한 최적의 m은 5분이야. 이 값을 고장 난 지하철을 고치는 데 기다리는 평균 대기 시간으로 합당하다고 가정해보자($m = 5$라고 하자). 그러면 이제 미적분학의 기본 정리를 사용해서 다음 식을 얻을 수 있지.[부록 5]

$$1 - \int_0^5 \frac{1}{5} e^{-t/5}\, dt \approx 0.368 \tag{76}$$

즉, 36.8% 정도 된다고 할 수 있어. 그렇다면 내가 5분 넘게 기다릴 확률이 상당히 낮다는 말이네. 말할 것도 없이 몇 분 뒤에 기관사가 앞 지하철이 움직이고 있다고 말해주는 걸. 늦을 걱정하지 않아도 되겠어.

아직 지하철에서 내리려면 몇 분 남았으니까 이 간단한 적분이 어떻게 실제로 업계에서 사용되는지 알려줄게. 예를 들어, 회사들은 대기 시간을 아는 게 매우 중요하지. 회사들이 대기 시간을 중요하게 여기지 않을 때 어떤 일이 일어나는지는 다들 경험해 봤을 거야. 오랜 시간 기다려야 한다면 고객들은 보통 불만을 품게 되고, 그건 분명히 회사의 제품을 구매하는 데 안 좋은 영향을 미치지. 이런 결과를 통해 회사의 관리팀은 어떤 부분(예를 들어, 콜센터나 창고 배송)을 개선해야 하는지 알 수 있어.

이전 장에서 어떻게 회사들이 미분을 사용해 수익을 최적화할 수 있는지 이야기했었지. 이번 장에서는 수학이 어떻게 적분을 사용해 그걸 확인할 수 있는지 알려줄 거야. 이미 우리는 확률을 계산하는 게 확률밀도함수를 적분하는 거라고 배웠어. 이게 정말 적분의 활용에 대한 새로운 지평을 열어줄 거야. 근본적으로 확률과 관련이 많은 모든 것들(예를 들어, 스포츠)이 우리가 발견한 적분을 활용해 이득을 보고 있지. 하지만 적분을 가지고 할 수 있는 일은 그것뿐만이 아니야. 생각하기 어려울 수 있지만 많은 경우에 무한대의 수량을 더해야 하는 때가 있어. 그리고 새로운 격언에 따라 수량을 더하는 곳에는 적분이 있겠지. 다음 장에서는 미분과 적분에 대해 아는 걸 활용해서 인류 역사상 가장 큰 질문 중 몇 가지를 이야기해 보려고 해.

미분과 적분으로 이루어진 드림팀

영화관에 들어가서 7번 상영관으로 갔지. 매점을 지나치면서 다시 얼마나 영화가 비싼가 하는 생각이 들었어. 7번 상영관 안에서 영화 관람객들이 항상 마주하는 문제에 마주쳤지.

어디에 앉아야 할까?

7

2장에서 미분에 대해 얘기하고 미분이 어디에나 있다는 것도 찾았고, 뿐만 아니라 시간 지연에 대해 이야기하면서 말 그대로 우리가 세상을 보는 시각을 바꿀 수 있다는 것도 배웠지. 마찬가지로 이전 장에서 적분을 설명한 다음, 확률을 통해 얼마나 많은 곳에서 활용하는지도 보았어. 그렇다면 어떤 현상을 수학화하는 데 미분과 적분이 동시에 필요한 경우를 상상해봐. 조금 뒤에 알게 되겠지만 이런 드림팀은 문명의 역사를 통해 제시된 몇 가지 매우 근본적인 질문들에 답할 수 있어. 하지만 그렇게 하려면 시간이 필요해서 일단 조라이다랑 저녁 약속에 먼저 갈게.

보스턴 번화가의 보일스턴 정거장을 나서면 "보스턴 코먼, 1634년 설립"이라는 간판을 볼 수 있어. 보스턴 코먼(Boston Common)은 미국에서 가장 오래된 공공 도시공원인데, 미국 독립 전쟁 이전에 영국군이 캠프로 사용했던 50에이커의 땅으로 이루어져 있어.[26] 오늘날 이 공원은 보스턴 지역에 사는 많은 주민들이 모이는 주된 장소 중 하나지. 이 공원 옆에는 공공 정원이 있는데, 여름에 가보면 흩어져 있는 여러 가지 식물과 꽃의 다채로운 색상을 볼 수 있지. 이런 장면이 보스턴 번화가에 온 걸 반겨주고, 역사가 있는 오래된 도시가 어떤 매력이 있는지 알 수 있지. 보일스턴 정거장에서 얼마 떨어져 있지 않은 인도 레스토랑으로 걸어가면서 이런 풍경을 즐겼어.

적분이 탄두리 치킨에도 작용할까?

딱 제시간에 온 것 같아. 조라이다와 창가 좌석에 앉았어. 메뉴를 보면서 내가 제일 좋아하는 탄두리 치킨을 찾았지. 이건 치킨을 요거트와 양념, 탄두리 마살라 가루에 재워서 구운 요리야. 주로 900°F까지 열을 낼 수 있는 종 모양의 점토 화덕인 탄두리 화덕에서 굽는 요리지. 전통적으로 숯이나 나무를 써서 화력을 냈지만, 요즘에는 전기와 천연가스로 대체하기도 해. 인도 음식 애호가들에게 듣기로는 탄두리 치킨은 약 500°F에서 굽는다고 해. 그리고 어떤 방식으로 열을 내던지 중요한 목표는 500°F를 유지하는 거야. 요즘에는 오븐에 내장된 온도 조절 장치가 온도를 맞추지. 이 실용적인 작은 기기들은 내장된 온도계로 온도를 측정해서 미리 설정한 온도를 유지하기 위해 오븐을 계속해서 켜고 끄지. 하지만 오븐 내의 온도가 매 10억 분의 1초마다 달라질 텐데, 정확히 '평균' 온도를 잰다는 건 무슨 뜻일까? 그리고 오븐이 실제로 어떻게 이 온도를 유지하는 걸까? (미안, 어디를 가나 수학이 보이는 걸 어떻게 하겠어.)

가장 먼저 알아야 하는 건 다른 손님들도 오븐을 사용하는 메뉴를 시켰을 테니 레스토랑의 탄두리 오븐은 이미 예열되어 있다는 거야. 간단하게 생각해서 조라이다와 내가 레스토랑에 들어왔을 때 온도가 525°F였고, 이제 오븐의 계량기를 500°F으로 맞추었다고 해보자. 이 온도보다 이미 높기 때문에 오븐은 자동으로 꺼졌을 테고,[i] 오븐이 식기 시작하겠지. 오븐이 말하자면 475°F 정도까지 식었을 때 다시 가동해 온도를 올리려고 할 거야. 오븐이 유지하는 온도 $T(t)$는 **그림 7-1**에 나타낸 그래프와 비슷하게 되겠지. 자, 여기서 질문: "평균 온도가 500°F이 되도록 어떻게 수학적으로 표

---

i 오븐 제작자들은 프로그램을 통해 사용자가 요구하는 온도에 맞추어, 오븐이 일정 온도 만큼 올라갔을 때 꺼지고 내려갔을 때 켜지도록 제작한다.

현할 수 있을까?" '평균'이라는 단어에서 힌트를 얻을 수 있어.

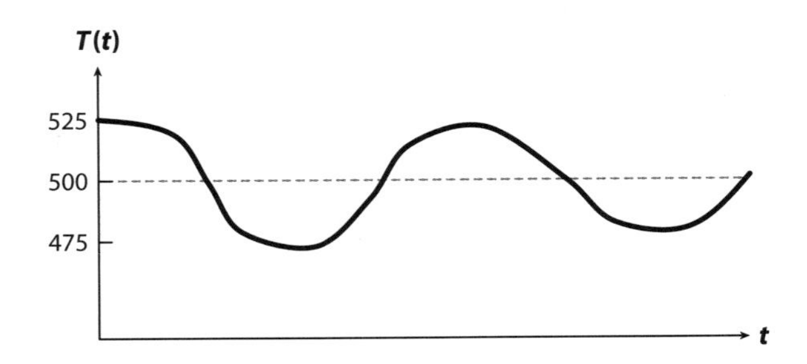

그림 7-1 탄두리 오븐 안 온도의 $T(t)$ 그래프

평균이 무엇인지는 다 잘 알 거야. 세 사람의 키가 60, 65, 70인치라면 평균키는 다음과 같겠지.

$$\frac{60+65+70}{3}=65 \text{ inches} \tag{77}$$

함수 $f(x)$가 사람 x의 키를 나타내는 함수이고, 첫 번째 사람을 x_1 두 번째 사람을 x_2 이런 식으로 마지막 사람을 x_n이라고 나타내면, 평균키는 다음과 같을 거야.

$$f_{\text{avg}} = \frac{f(x_1) + f(x_2) + \cdots + f(x_n)}{n}, \quad \text{or} \quad f_{\text{avg}} = \frac{1}{n}\left[\sum_{i=1}^{n} f(x_i)\right]$$

(78)

여기에서 합을 나타내는 기호 시그마를 공식에 도입했어. 탄두리 오븐에 적용해보면 시간 t_1, t_2, ..., t_n에서 오븐의 평균 온도를 구해야 하지.

$$T_{\text{avg}} = \frac{T(t_1) + T(t_2) + \cdots + T(t_n)}{n}, \quad \text{or} \quad T_{\text{avg}} = \left[\sum_{i=1}^{n} T(t_i)\right]\frac{1}{n}$$

(79)

하지만 내가 놓친 부분이 하나 있는 것 같아. 탄두리 치킨이 맛있게 나오려면 요리가 되는 동안 계속 평균 온도가 500°F로 유지되어야 한다는 거지. 내가 주문했을 때가 7:15 정도였고 요리가 되는 데 30분 이상 걸리진 않을 거야. 그러니까 시간 t_i는 구간 7:15 $\leq t_i \leq$ 7:45에 있겠지. (79)번 공식을 $a \leq t_i \leq b$ 구간에서 일반화해보자(이때 $a < b$). 그 결과 다음과 같은 식을 얻을 수 있지.

$$T_{\text{avg}} = \frac{1}{b-a}\left[\sum_{i=1}^{n} T(t_i)\right]\left(\frac{b-a}{n}\right) \tag{80}$$

이 합은 6장에서 본 거랑 비슷해 보이는데, 결국 리만합의 또 다른 예인 거지. 그러니까 정적분이 어딘가에 숨어 있을 거야. 자, 이렇게 구해보자. 이상적인 세상에서는 탄두리 치킨을 평균 500°F에서 요리하려면 매 10억분의 1초마다 온도를 재야겠지. 그렇게 한다면 아마도 내가 인류 역사상 최고로 성가신 고객이 되겠지만 이건 매우 비현실적이지. 다행히도 6장에서 비슷한 문제를 풀어 봤잖아. 무한대의 사각형 넓이들을 더하는 문제였지. 이때, 유한한 n개를 더하고 나서 $n \to \infty$가 되도록 극한값을 구해서 답을 얻었지. 여기에도 같은 방식을 적용하려고 해. 이 경우에 n은 온도를 잰 총 횟수를 나타내지. 그러니까 구간 $a \le t \le b$에서 평균 온도 T_{avg}를 구하는 식은 다음과 같아.

$$T_{\text{avg}} = \frac{1}{b-a}\lim_{n\to\infty}\left[\sum_{i=1}^{n} T(t_i)\right]\left(\frac{b-a}{n}\right) = \frac{1}{b-a}\int_a^b T(t)\,dt \tag{81}$$

이 공식에 따르면 오븐 안의 평균 온도를 구하려면, 온도 함수

$T(t)$를 적분하고 시간 간격의 길이 $b - a$로 나누어서 구할 수 있다는 거야!

아직 요리가 나오려면 15분은 더 걸릴 것 같아서 조라이다한테 '적분 평균'에 대해서 이야기하기 시작했어. "이 레스토랑의 온도는 딱 알맞은 것 같아. 또 다른 온도 조절 장치가 있겠지." 설명을 이어갔지. "이번에는 에어컨에 관한 문제이지만, 탄두리 오븐에 사용된 수학이 여기서도 그대로 사용되지." 하지만 조라이다는 그렇게 흥미가 있어 보이진 않아.

나는 열정적으로 설명했지만, 조라이다는 흥미가 점점 떨어지는 것 보였지. "정말로 이 방식을 사용해 모든 연속 함수의 평균값을 구할 수 있어. 어떤 달의 평균 강수량이나 회사가 한 분기 동안 파는 상품의 평균 숫자나 한 주 동안 보고된 범죄의 평균 숫자도 적분 공식을 사용해 구할 수 있다는 거야." 조라이다는 물을 굉장히 자주 마시면서 내 눈을 피하는 것 같아. "정말 흥미롭다니까, 특히나 이걸 봐봐. 이 적분은 곡선 아래 넓이와 같다고 할 수 있지!" 이 말을 마치는데 종업원이 사모사를 가져다 주었어. 음식이 나를 살렸군! 애피타이저를 먹는 도중 조라이다를 보니 괜히 수학자와 결혼한 걸까라고 생각하는 것 같아.

영화관에서 가장 좋은 좌석을 찾아보자

우선 저녁을 먹는 동안 수학과 관련이 없는 대화를 이어가는 데 성공했지. 우리가 먹었던 인도 음식들은 정말 맛있었어. 8시 15분에 영화를 보러 걸어나갔지. 걸어가는 길 내내 조금 씁쓸한 느낌이 들어. 정말로 흥미로운 수학들이 많은데 말이지. 예를 들어, 때때로 바람이 불어오면 유체가 할 수 있는 훌륭한 것들이 생각나기도 하고, 도로에서 지나가는 차 소리의 주파수를 바꾸는 건 도플러 효과의 예이기도 하지. 하지만 이런 수학적인 생각은 나 혼자만 하기로 하고 '일반적인' 대화를 하고 있어.

영화관에 들어가서 7번 상영관으로 갔지. 매점을 지나치면서 다시 얼마나 영화가 비싼지 생각이 들었어. 7번 상영관 안에서 영화 관람객들이 항상 마주하는 문제에 마주쳤지. 어디에 앉아야 할까?

아까 내가 탄두리 온도에 대해 얘기하면서 조라이다는 수학자와 결혼해서 생기는 단점을 느끼게 됐지. 이제야말로 장점을 보여주겠어! 조라이다는 서서 좋은 좌석이 있는지 둘러보고 있어. 나는 뒤로 몸을 젖히면서 이렇게 말했지 "나한테 맡겨!". '뷰티풀 마인드'에 나왔던 러셀 크로우처럼 공식들이 내 머릿속에서 움직이기 시

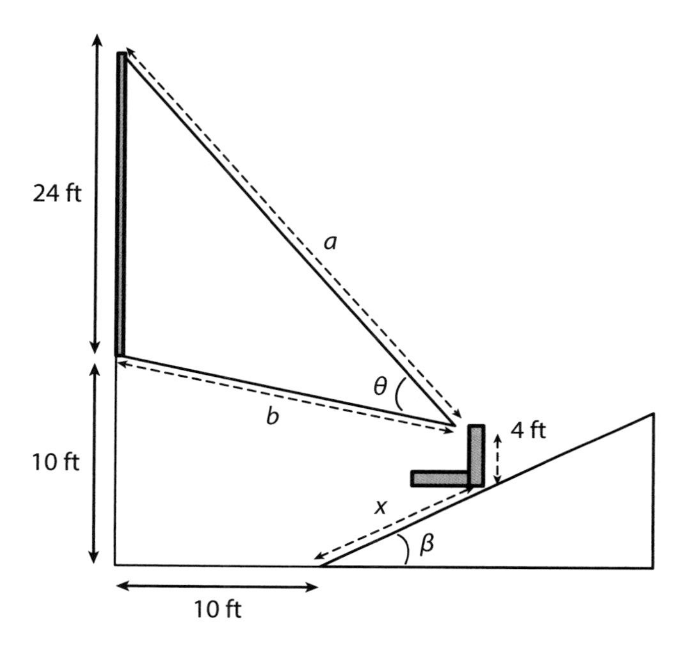

그림 7-2 영화관의 도해. 어떤 사람이 x피트만큼 떨어진 줄에 앉았을 때, 그 사람의 눈은 땅에서 4피트 위에 있다고 가정한다.

작했지.

몇 초 내로 숫자들을 빠르게 계산해 3번째 줄에 있는 좌석을 골랐지. "여기가 바로 영화관에서 가장 좋은 좌석이야." 물론, 정말 모든 걸 이렇게 빨리한 건 아니야. 사실 이걸 이전에 한 번 계산해본 적이 있었거든. 그리고 영화관의 크기도 그때와 달라지지 않았으니까 그때 했던 계산이 여전히 맞겠지. 영화 스크린의 높이나 줄의 수, 좌석의 각도 등과 같은 영화관의 요인들을 생각해보면서 **그림 7-2**의 도해를 만들었어. 자, 어떻게 가장 좋은 자리를 찾았는지 말해줄게.[27]

우선 최고라는 게 어떤 건지 정의해야 해. 이걸 수학적으로 말하자면 시야각 θ의 최댓값을 찾는 거야. 즉, 이러한 줄에서는 어떤 자리에 앉더라도 스크린 전체를 또렷하게 보게 되지. 삼각 함수를 사용해 a, b, θ와 x가 어떤 관계가 있는지를 구해보자.[부록 1]

$$\theta(x) = \arccos\left(\frac{a^2 + b^2 - 576}{2ab}\right) \tag{82}$$

이때, a와 b의 길이는 다음 식을 통해 구할 수 있어.

$$\begin{aligned} a^2 &= (10 + x\cos\beta)^2 + (30 - x\sin\beta)^2 \\ b^2 &= (10 + x\cos\beta)^2 + (6 - x\sin\beta)^2 \end{aligned} \tag{83}$$

여기에서 각도 β는 좌석이 기울어진 각도를 나타내고 내 예상에는 약 20° 정도 기울어졌다고 생각해. 5장에서처럼 $\theta(x)$의 정류점을

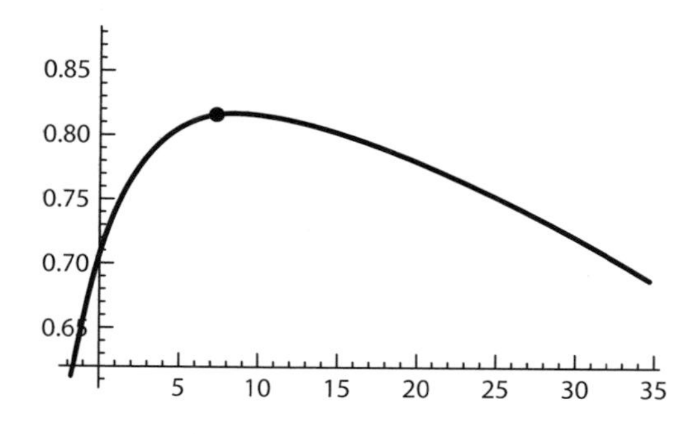

그림 7–3 x에 따른 시야각의 함수 $\theta(x)$의 그래프(그래프의 점은 최댓값)

찾을 수도 있지만, $\theta(x)$의 도함수를 찾는 건 정말 끔찍할 거야. 대신에 $0 \leq x \leq 35$일 때 함수 $\theta(x)$의 그래프를 **그림 7–3**에 나타냈어.

$x \approx 7.37$일 때 θ의 최댓값을 찾을 수 있어. 영화관의 줄 사이가 대략 3피트 정도 떨어져 있다고 한다면, 약 2번째나 3번째 줄이겠지. 이게 바로 내가 앞서 좌석을 고른 이유지. 하지만 안타깝게도 이런 대단한 제안에도 불구하고 조라이다는 별로 설득되지 않은 것 같아. 그렇기는 하지만 내 익살맞은 제안도 수학자와 결혼한 장점 중 하나이지 않을까?

여기 어디에 적분이 숨어 있을까? 음, 자리에 앉아 예고편들을 보는데 사람들이 들어오면서 별로 적절하지 않은 좌석에만 앉는 걸 알아차렸지. 만약 관람객이 상대적으로 즐겁게 영화 관람을 하길 바란다면, 영화관이 관객들에게 가능한 최선의 시야각을 제공하려고 노력해야 한다고 봐. 그 방법의 하나는 항상 평균 시야각이 최소한 특정값 A가 유지되도록 설계하는 거야. 만약 영화관에 30줄이 있다면 한 줄당 3피트 정도 되니까 거리 x의 범위는 $0 \le x \le 90$이 될 거야. 그리고 다음과 같이 쓸 수 있겠지.

$$\frac{1}{90-0}\int_0^{90}\theta(x)dx \ge A \qquad (84)$$

음, 내가 너무 눈을 크게 뜨고 영화관의 요인들을 쳐다봤는지도 모르지만, 건설사에서 컴퓨터 모델을 사용해 a, b, 등의 값을 조절해서 이 최소 평균 시야각 조건을 만족시킬 수 있을 거야.

아마 미분과 적분을 영화관에서 사용하는 건 조금 지나쳤을지도 모르지. 하지만 아주 관련이 없는 이야기는 아니야. 실제로 비슷한 방식을 심포니 홀(콘서트 홀)을 짓는 데 사용해. 예를 들어, 보스턴 심포니 홀을 짓는데 하버드의 물리학자 월리스 새빈(Wallace Sabine)이 도움을 주었지. 그의 전문 지식을 통해 지은 심포니 홀이

음향 시설 면에서 세계 3대 심포니 홀로 뽑히게 만들었지.[28] 우리가 영화를 보는 영화관이 그런 노력을 통해 지어졌는지는 모르지만, 영화가 시작하려고 하니까 이런 생각을 멈추고 의자에 기대어 영화를 즐기고 올게.

미적분을 통해 지하철이 문제없이 운행되게 하자

이제 10시 30분이 되었어. 영화관 밖에는 많은 사람이 잘 차려입은 채 양쪽으로 지나가고 있네. 몇몇은 춤을 추러 가는 것처럼 보이는군. 우리는 오늘 살사를 출까? 잠깐 생각해봤어. 정말 재밌지만 힘들어서 포기! 어떤 사람들은 바에 가서 술을 마시려는 것 같네. 조금 더 나은 선택인 것 같은데 집에 돌아가는 길을 생각해보니 12시가 넘어서 도착할 것 같아. 조라이다와 이런 이야기를 하다 보니 둘 다 많이 지쳐 있다고 생각돼서 보일스턴 정류장에 가서 D 선 지하철을 타고 집으로 돌아갔지.

돌아가면서 조라이아와 2009년에 MBTA 시스템이 1,800,000마일을 이동했다는 놀라운 이야기를 하고 있었어(6장에서 이야기했었지). 그녀는 "나는 그게 말이 된다고 생각해, 아침에 한 번도 자리에 앉아서 출근한 적이 없어."라고 답했지. 이런 얘기를 하다 보니 "1,800,000마일 중에 우리가 타고 있는 D 선은 어느 정도나 차지할까?"라는 의문이 들었지. 이 문제는 어떤 지하철이 이동한 거리를 구해야 하니까 6장에서 이야기했던 지하철 점검 문제와 관련이 있지. 그리고 그 경험을 통해 우리는 정적분을 사용해야 한다고 알고 있지.

이제 D 선이 종점에서 종점까지 왕복하는 거리를 구하고 1년간 총 왕복 횟수를 곱하면 총 이동한 거리를 구할 수 있겠지. 지하철 바퀴에서 삐꺽거리는 소리가 나는데, 지금 커브길을 지나는 것 같아. 이런 방식에서는 커브길이 문제가 되겠지(**그림 7-4**(a)에 나타낸 노선도 참고). 내가 만약 측량사들이 사용하는 롤링테이프가 있다면, 이론적으로는 철도의 길이를 측정하고 왕복 횟수를 곱할 수 있겠지. 하지만 할 수 없다는 게 문제야. 그리고 가능하다고 하더라도 정말 오래 걸리겠지. 그러면 이전에 말했듯이 분명 더 쉬운 방법이 있을 테니까 그걸 찾아보자.

이 질문에 대한 답은 우리가 커브의 길이를 찾을 수 있느냐에 달렸어. **그림 7-4**(a)의 D 선 노선도를 $f(x)$라고 하고 **그림 7-4**(b)처럼 좌표계에 그려보자. 이 커브의 일부분을 확대해서 너비 Δx와 높이

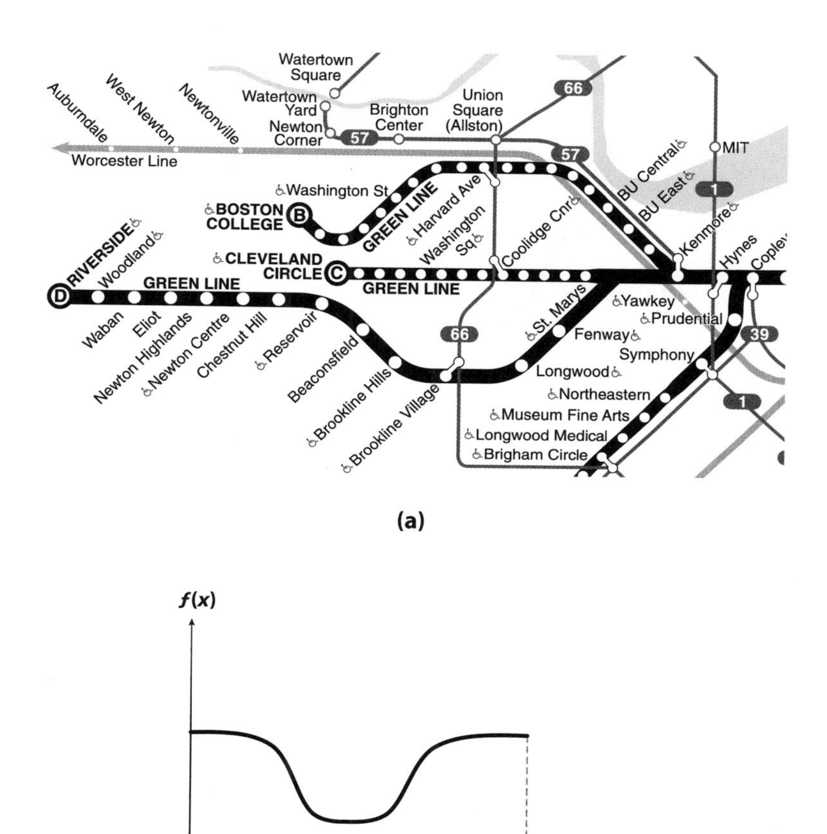

그림 7–4 (a) 보일스턴 정거장과 우리 목적지인 뉴턴 정거장 사이의 정거장들을 나타내는 MBTA의 D 선 노선도 (b) 이 선로를 함수 $f(x)$로 나타낸 그래프

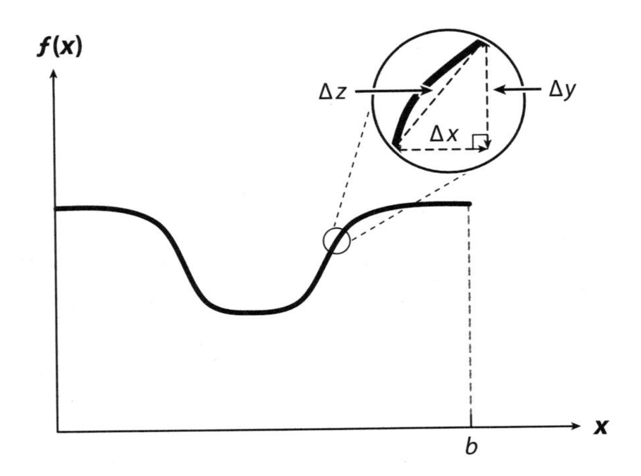

그림 7-5 $f(x)$ 그래프의 일부분을 확대한 그래프. Δz는 삼각형의 빗변의 길이이고 삼각형의 밑변과 높이는 각각 Δx와 Δy와 같다. 그리고 x 값인 b는 보일스턴 정거장에서 우리 집까지 가장 가까운 거리를 나타낸다.

Δy를 가지는 삼각형을 상상해봐(**그림 7-5**). 그림에 있는 삼각형의 빗변 Δz는 피타고라스의 정리를 사용해 구할 수 있어.

$$(\Delta z)^2 = (\Delta x)^2 + (\Delta y)^2, \text{ 또는 } \Delta z = \sqrt{(\Delta x)^2 + (\Delta y)^2} \quad (85)$$

평균값 정리를 사용하면 이 값을 다음처럼 쓸 수 있지.[부록 2]

$$\Delta z = \sqrt{1+[f'(x_i)]^2}\,\Delta x \tag{86}$$

이때, x_i는 구간 Δx 안에 있지. 만약 그래프를 n 부분으로 나누고 각각의 부분에서 이 근사치를 구하면 커브의 길이 l을 다음과 같이 추정할 수 있지.

$$l \approx \Delta z_1 + \Delta z_2 + \cdots + \Delta z_n = \sqrt{1+[f'(x_1)]^2}\,\Delta x + \cdots + \sqrt{1+[f'(x_n)]^2}\,\Delta x = \sum_{i=1}^{n} \sqrt{1+[f'(x_i)]^2}\,\Delta x \tag{87}$$

이 수식이 리만합과 비슷해 보인다면 아주 잘 본 거야. 이제 $n \to \infty$가 되도록 극한값을 구해서 삼각형의 너비 Δx를 무한히 작게 하면, 다음 식을 얻게 되지.

$$l = \lim_{n\to\infty} \sum_{i=1}^{n} \sqrt{1+[f'(x_i)]^2}\,\Delta x = \int_0^b \sqrt{1+[f'(x)]^2}\,dx \tag{88}$$

우리는 보일스턴 정거장에서 약 8마일 정도 떨어져 살아. 따라서 지하철이 우리 집까지 오는 데 이동한 거리를 구하려면 다음의 적분을 구해야겠지.

$$\int_0^8 \sqrt{1+[f'(x)]^2}\,dx \tag{89}$$

함수 $f(x)$를 모르지만 6장에서 이야기한 대로 이 적분은 $\sqrt{1+[f'(x)]^2}$ 곡선의 아래 넓이와 같다고 할 수 있어.

이전 장에서 이야기한 대로 사각형 수를 늘려서 원하는 만큼 정확한 l의 근삿값을 구할 수도 있지.[ii] 오늘날 컴퓨터들이 이런 작업을 매우 빠르게 할 수 있으니까 우리가 더 계산할 필요는 없어. 우리가 구한 (88)번 공식은 여러 가지 상황에 적용할 수 있지. 예를 들어, 가구 제조업체나 자동차 제조업체 또는 비행기 제조업체들이 이 공식을 사용하는데, 왜냐하면 이 물건들의 표면이 곡선인 경우가 많아서 단순한 곱셈으로는 규모를 알기가 어려워. 그렇기 때문에 이 공식을 사용해서 얼마만큼의 재료가 필요한지 구하기도 하지.

---

ii 엄밀히 말하자면 우리는 **그림 7-4**(b)의 그래프에서 $f'(x)$의 근삿값을 구해야 한다. 이는 말도 안 되게 어려워 보이진 않으며 어느 정도 가능하다.

고개를 들어 과거를 보자

막 기관사는 우리가 내릴 역이 다음 역이라고 안내해 줬어. 이번에는 지연되는 일 없이 11시 조금 넘어서 도착했지. 그리고 몇 분간 걸으면 집에 도착해서 자야겠지.

이렇게 맑은 날에 밤하늘을 보면 맨눈으로도 많은 것들이 보여. 조라이다와 나는 이게 전철역 근처에 살아서 좋은 점이라는 데 동의하며 걷고 있었어. 고층 건물들이나 밝은 빛이 없다 보니 별들이 잘 보이는군. 달과 몇몇 행성들까지도 볼 수 있는 것 같아.[iii] 정말 아름다운걸. 하지만 이런 그림 같은 밤하늘에 우주의 깊고 신비한 비밀이 숨겨져 있지.

내가 어렸을 때 배웠던 정말 흥미로운 것 중 하나는 우리가 하늘을 볼 때마다 사실 과거를 보고 있다는 거야. 이건 분명 내가 수학과 과학에 관심을 가지는 데 지대한 공헌을 했지. 그 이유는 태양을 제외한 가장 가까운 별은 켄타우루스 자리의 프록시마성(星)인데, 이것만 해도 이미 25조 마일만큼 멀리 떨어져 있지. 이런 거

---

iii 행성은 밝은 디스크처럼 보이고 별은 작은 점처럼 보이기 때문에 행성과 별을 구별할 수 있다.

리는 너무 크기 때문에 광년으로 재야만 해. 예를 들어, 프록시마성은 4.2광년 떨어져 있는데, 별에서 뿜어져 나오는 빛이 4.2년에 걸쳐서야 지구에 도착한다는 걸 뜻해. 자, 여기 이해하기 어려운 부분이 있어. 내가 하늘을 보면서 프록시마성을 찾을 때마다 실제로 내가 보는 건 4년 이전에 별을 떠난 별빛이라는 거지. 그러니까 나는 지금 현재 있는 별을 보는 게 아니라 4년 전의 별을 보고 있는 거야!

알았어, 알았어. 25조 마일 떨어진 별에 대해 누가 관심이나 있겠어? 하지만 이런 논리를 가지고 우리가 밤이나 낮에 보는 일몰과 일출이 가짜라면 믿을 수 있을까? "뭐라고?"라고 대답할지도 모르겠어. 하지만 태양은 약 8'광분'만큼 떨어져 있기 때문에, 햇빛이 우리에게 오기까지 8분이 걸린다는 말이지. 그러니까 우리가 보고 있는 햇빛은 8분 전에 태양을 떠났다는 걸 뜻하지. 자, 스타워즈에 나오는 '죽음의 별'이란 무기를 가진 악의 제국을 상상해보자. 이 악의 제국이 태양계로 와서 태양을 부숴 버렸다고 상상해보자. 그렇지만 우리는 8분 동안이 사실을 모르고 있겠지. 거기다가 악의 제국이 일종의 '워프' 기술을 사용해 즉시 사라져 버린다고 해도 8분 동안 알 수도 없을 거야. CIA조차도 이런 걸 찾아낼 수는 없을걸.

이게 별로 섬뜩하지 않다면 또 다른 명확한 사실을 하나 짚어볼게. 프록시마성이나 태양만이 우리가 볼 수 있는 별은 아니야. 그리고 우리가 볼 수 있는 모든 별의 거리는 서로 다 다르겠지. 그렇다면 우리가 하늘을 볼 때, 우리는 다른 과거들을 보고 있다는 거지. 태양을 보면 8분 전의 과거를 보는 거고, 프록시마성을 보면 4.2년 전의 과거를 보는 셈이야. 이런 "과거는 상대적이다."라는 발상을 보면 3장에서 이야기했던 시간 여행 현상이 생각날 거야. 시간 여행은 시간의 상대성에 대한 아인슈타인의 이론을 다뤘지. 우리는 미래로 여행하는 것에 대해 이야기했었어. 밤하늘로 돌아오기 전에 이 문제를 미적분에 적용해 한 가지 이야기를 더 해줄게. 아마 이 이야기가 미분과 적분 드림팀의 궁극적인 적용이 되지 않을까 싶어.

우주의 궁극적인 운명

1915년에 젊은 알버트 아인슈타인은 일반 상대성 이론에 대한 논문을 발표했어. 그보다 거의 230년 앞서 잘 알려진 아이작 뉴턴은 만유인력의 법칙을 통해 중력의 힘을 설명했지.

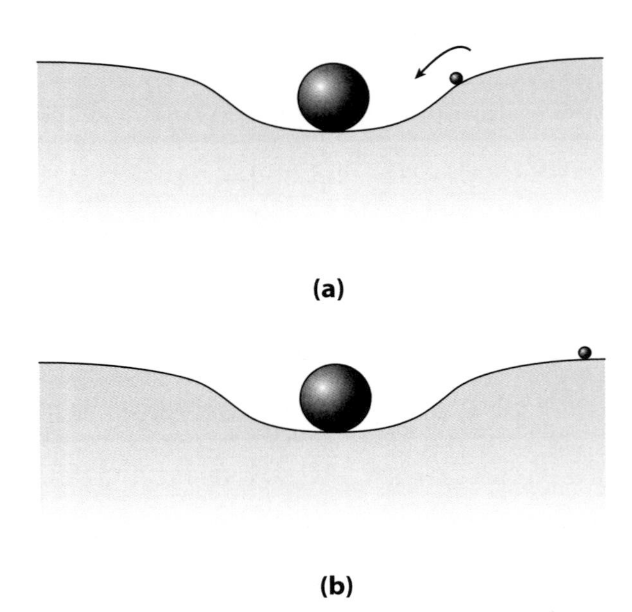

그림 7-6 (a) 매트리스 위에 볼링공이 놓여 있어서 그 무게로 휜 매트리스 중앙으로 콩 하나가 구르고 있다. (b) 만약 콩이 너무 멀리 있어서 '굴곡'을 느끼지 못한다면 볼링공 방향으로 움직이지 않을 것이다.

그런데 그 당시 상대적으로 잘 알려지지 않았던 아인슈타인은 뉴턴이 중력에 관해 틀렸다고 주장했어. 뉴턴은 중력이 두 질량이 얼마나 가까이 위치하는지에 의해 결정된다고 주장했지. 그렇지만 뉴턴의 이론은 문제의 소지가 있었어. 상상하지 못할 만큼 먼 거리에 떨어져 있는 두 질량 중 하나를 움직이면, 다른 질량이 그 즉시 달라진 중력을 느낀다는 거지. 아인슈타인은 1905년도에 이미 광속이 우주 속도의 한계라는 걸 알고 있었기 때문에, 즉각적인 영향이라는 점에 반대했지. 천재 아인슈타인은 뉴턴의 이론을 근본적으로 대체할 대안을 제시했지. 중력은 실제로 물질에 의한 공간의 휘어짐이라는 거지.

이 발상을 이해하려면 볼링공을 매트리스 한가운데 놓는다고 상상해봐(**그림 7-6**). 자연스럽게 볼링공이 있는 곳에 가까울수록 깊이 휘어지겠지. 이제 콩 하나를 매트리스 어딘가에 놓는다고 생각해봐. 두 가지 중 하나가 일어날 거야. 콩을 볼링공에 충분히 가깝게 놓는다면 커브를 따라 볼링공을 향해 움직일 테고(**그림 7-6**(a)), 충분히 가깝지 않다면 그냥 가만히 있겠지(**그림 7-6**(b)). 이런 실험을 통해 콩을 공으로 끌어당기는 게 어떤 애매한 즉각적인 힘이 아니라는 걸 알 수 있지. 오히려 매트리스의 들어간 부분(곡률)이 콩을 잡아당기는 거야.

여기에서 명확하게 알 수 있듯이 이 '중력'은 여전히 공과 콩 사이의 거리에 의존하지만, 뉴턴의 이론과는 다르게 이런 시각으로 중력을 보게 되면 '즉각적인'이라는 문제를 해결할 수 있지. 볼링공을 들게 되면 매트리스의 스프링이 원래대로 돌아가는 데 시간이 걸리게 되고, 그다음에 콩에 영향이 미치는 거지. 이런 '중력파

(Gravitational Wave)'는 아인슈타인 이론의 중요한 특징이야(1년 뒤인 1916년에 발표했지). 무거운 물체들의 거리가 변하게 되면 즉각적인 중력파의 변화가 있는 게 아니라, 중력파가 광속으로 전파되는 데 시간이 걸리고 그다음에 변화된 중력의 영향을 받게 된다는 거지. 1915년과 1916년 2년 동안 아인슈타인은 뉴턴의 이론이 틀린 것을 증명했을 뿐만 아니라, 더욱더 정확한 이론으로 교체해버렸지. 오늘날 뉴턴의 수동적 중력은 두 무거운 물체들이 시간과 공간을 휘게 해서 만들어진 '계곡'으로 물체들이 떨어지는 영향으로 이해되고 있지. 게다가 아인슈타인이 제시한 중력이 중력파를 통해 전파된다는 이론은 즉각적인 영향에 대한 문제를 해결할 수 있었어.

그렇다면 이게 미적분학과 무슨 관련이 있을까? 간단히 말하자면 아인슈타인의 식은 미분으로 나타낼 수 있고 그걸 풀려면 적분을 해야 해! 몇 가지 해답을 찾아 우주 전체를 연구할 수 있는데 그건 정말로 놀라울 거야. 내가 이야기를 하나 해줄게.

아인슈타인이 공식을 발표한 지 얼마 안 돼서 1927년 벨기에 천문학자인 조르주 르메트르(Georges Lemaitre)가 그 식을 사용해 우주가 팽창하고 있다는 놀라운 예측을 발표해. 거기에 그는 팽창하는 속도까지 예측했지. 2년 후에 미국인 천문학자인 에드윈 허블

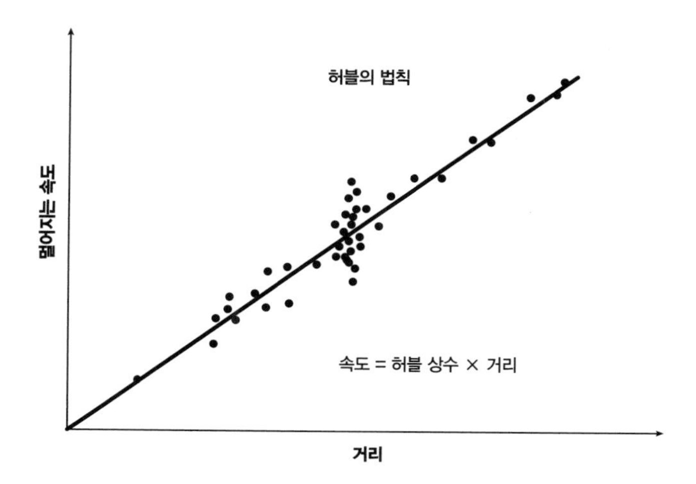

그림 7-7 지구와 멀리 떨어진 은하계 사이의 거리와 속도 그래프(각각의 점은 멀리 떨어진 은하계를 나타냄). 표시한 선의 기울기는 허블 상수 H_0를 나타낸다.
이미지 출처 http://imagine.gsfc.nasa.gov/YBA/M31-Velocity/hubblemore.html

(Edwin Hubble)이 이걸 확증했지. 그는 은하계들이 얼마나 빠르게 지구로부터 멀어지는지를 나타내는 관찰 데이터들을 모아서 간단한 관계식을 찾았어.

$$v = H_0 d \tag{90}$$

여기에서 v는 은하계의 속도이고 d는 지구와의 거리, H_0는 허블 상수를 나타내지(**그림 7-7** 참고). 허블 상수는 상수라고 불리지만 시간에 대해서는 상수가 아니야. 대신 $H(t)$는 시간에 따라 변하면서 다음 공식을 만족시키게 되지.

$$H'(t) = -H^2(1+q) \tag{91}$$

여기에서 q는 감속 인수라고 불러. '감속'이라는 단어가 과학자들이 오랫동안 생각해 왔던 부분을 설명하지. 즉, 우주가 팽창하고 있더라도 그 팽창하는 속도가 줄어들고 있다는 걸 뜻해. 과학자들이 추론하기를 우주에 물질이 너무나도 많기 때문에 모든 것들이 서로 끌어당겨서 중앙으로 점점 더 가깝게 끌어당겨 진다는 거지. 수중 폭발(Underwater Explosion)처럼 우주도 궁극적으로 자체로 함몰해서 '우주 대수축(Big Crunch)'이라고 부르는 현상이 일어난다고 주장하지. 미적분학적 측면에서 너한테서 점점 더 느려지는 속도로 멀어져가는 물체(심지어 은하계라도)는 음의 가속 또는 양의 감속을 가진다는 걸 뜻하지(q 인수).

1998년에 세 명의 천체 물리학자들(솔 펄머터와 브라이언 슈밋, 아담 라이스)는 우주가 감속하지 않고 오히려 가속하고 있다는 걸 발견해 모두를 놀라게 했지(감속 인수가 음수라는 걸 뜻해).[iv] 이 발견은 우주에 관한 예측들을 완전히 바꿔놓았지. 우주 대수축 이론 대신에 아주 먼 미래에는 우주에 있는 모든 물체가 서로 매우 떨어져 있게 된다는 걸 말해. 좀 더 낙관적이긴 하지만 이 발견은 행성계가 서로 고립된다는 걸(지금보다도 훨씬 더) 뜻하기 때문에 여전히 슬픈 그림이지.

미분을 사용해서 $H'(t)$ 공식은 우리 우주의 미래에 관한 놀라운 사실을 드러냈지. 하지만 시작은 어떻게 된 걸까? 만약 풍선에 바람을 넣으면 팽창하듯이 우주가 팽창하고 있다면, 먼 과거에는 우주가 한 점에서 시작해야 한다는 걸 뜻하지. 이 점은 물체와 에너지로 매우 빽빽했을 거야. 과학자들은 이런 상태에서 빅뱅이론이라고 부르는 현상이 일어났을 거라고 예측하고 있어. 자연스럽게 드는 질문은 "얼마나 오래전에 이 일이 일어났을까?"겠지. 역시나 이 질문의 답을 알아내려면 적분이 필요하지(드림팀을 항상 기억해).

---

iv 이 과학자들은 이 발견으로 2011년에 노벨 물리학상을 공동 수상하였다.

우주의 나이

가능한 우주의 운명은 밀도계수라고 알려진 숫자 Ω로 설명하지. Ω가 1보다 큰 우주는 궁극적으로 함몰하게 돼서 우주 대수축을 겪게 되고, 반대로 1보다 작은 우주는 무한히 팽창하게 되는데 바로 우리가 살고 있는 우주에 해당하지. 이걸 사용해 우주의 나이 T를 간단한 공식으로 써보면 다음과 같아.[29]

$$T = \frac{1}{H_0} \lim_{z \to \infty} \int_0^z \frac{dz}{(1+z)\sqrt{\Omega\left[(1+z)^3 - 1\right] + 1}} \tag{92}$$

이 공식이 너무 어려워 보이면 천천히 단계별로 생각해볼까. 6장에서 배웠듯이 이와 같은 적분값을 구하려면 역도함수 $F(z)$를 찾아야겠지. 미적분학의 기본 정리에 따르면 앞선 적분의 값이 $F(z) - F(0)$이 될 거야. 마지막으로 $z \to \infty$가 되도록 극한값을 구해서 허블 상수로 나누면 T의 공식을 구할 수 있어. 적분을 하고 극한값을 구하고 나면 T의 공식은 다음과 같아.[30]

$$T = \frac{2}{3H_0} \frac{1}{\sqrt{1-\Omega}} \ln\left[\frac{1+\sqrt{1-\Omega}}{\sqrt{\Omega}}\right] \tag{93}$$

이 공식에 따르면 T 값을 구하려면 Ω 값을 알아야만 해. 현재 추정한 최선의 Ω 값을 사용하면 우주의 나이가 130.75억 년이라는 걸 알 수 있어.[31] 자, 해냈잖아. 몇 장 안 되는 종이에 미적분을 사용해서 우주의 궁극적 운명과 나이를 추정할 수 있지. 이렇게 지식 체계를 통해 이런 생각들을 할 수 있다는 건 늘 놀라운 일이지. 그리고 이 모든 걸 미적분학의 두 기둥인 미분과 적분을 이용해서 해냈다는 거야.

이 책은 미적분학만 중점으로 다뤘다는 걸 생각해봐. 기하학이나 위상 기하학, 추상 대수학 등의 다른 수학에선 어떤 걸 배울 수 있을지 상상해봐. 갑자기 1장에서 이야기했던 중세 시대 과학자들이 기억나네. 그들에게는 지구가 둥글다는 게 엄청난 일이었지. 우리가 미적분을 통해 우주의 나이를 구한 걸 말해줬다고 생각해봐. 그들의 표정이 어떨까?

집에 돌아와서 드디어 잘 준비를 하고 누웠지. 불을 끄고 하루를 마치고 있어. 내일은 토요일이니까 7.5시간만 잘 필요는 없겠지. 그것보다는 오늘 내내 생각했던 수학들에 대해 다시 생각해 보고 있었지. 이론적 연구에서부터 실질적 적용까지, 이 모든 것들이 항상 우리가 몰랐더라도 존재해 왔다는 거야. 이런 생각을 마치면서 웃으며 눈을 감았어. 이 책을 마치면서 빅뱅이론을 설명했으니까 이런 말을 할 자격이 있다고 생각해. "나는 빅뱅하고 데이트하고 왔다고!"

끝맺는 말

여기까지 다 읽었다면 "저는 여러분이 자랑스럽습니다."라고 말해 주고 싶습니다. 서문에서 말했듯이 안타깝게도 오늘날 많은 사람이 수학에 겁을 먹고 너무 추상적이거나 이해하기 어렵다고만 생각합니다. 이 책을 통해 이미 수학에 익숙해졌다는 느낌을 받았으면 좋겠습니다. 수학에 필요한 단 하나의 전제 조건은 바로 호기심입니다. 다음에는 커피를 마시게 되면 얼마나 빨리 식는지 한번 확인해 보거나 또는 우유를 넣으면서 저으면 만들어지는 패턴을 연구해봐도 좋을 것 같습니다. 아니면 바람이 많이 불 때 낙엽을 보면서 소용돌이가 만들어지는 걸 볼 수도 있을 것입니다.

그렇긴 하지만 이제 각 장에서 어떤 미적분학을 배웠는지 잠깐 확인하고 넘어가려고 합니다.

- **1장** 함수는 수학의 구성 요소로 어디에서나 찾아볼 수 있다.
- **2장** 미분(도함수)은 변화를 설명하기 때문에 변화가 있는

모든 곳에서 도함수를 찾을 수 있다.

- **3장** 종종 문제를 '수학화'하면 더 잘 이해되기도 한다.
- **4장** 미적분과 일반적인 수학은 겉보기에는 연관이 없는 현상들을 연결한다.
- **5장** 최적화의 수학을 통해 미적분은 우리의 삶을 향상하는 데 도움을 준다.
- **6장** 적분은 미분을 원래로 되돌리고, 어떤 수량들을 더해야 할 때 항상 멀지 않은 곳에 적분이 있다.
- **7장** 미분과 적분을 통해 문제를 분석하다 보면 놀랍게도 깊이 이해할 수 있다.

저는 종종 학생들에게 가르치는 것들이 '공익 광고'와 같았으면 좋겠다는 생각을 합니다. 제가 제시하는 예제 중 다수는 극단적으로 단순화한 문제들이고, 현실은 좀처럼 단순하지 않다는 걸 압니다. 그렇지만 역사적으로 단순한 가정에서 시작하는 것이 실험 과학의 주된 장점 중 하나였습니다. 아리스토텔레스는 물체를 놓았을 때 지구로 떨어지는 이유는 땅에 있는 것이 '자연스러운' 것이기 때문이라고 생각했습니다. 갈릴레오는 물체가 떨어지는 시간이 얼마나 걸리는지 궁금해서 충분한 실험을 통해 수학적으로 어떻게 사물이 지구로 떨어지는지 설명했습니다. 그리고 뉴턴은 이 단계에서 더 나아가 뉴턴의 세 가지 법칙을 통해 모든 움직이는 사물을 설명했지요. 이렇게 레고처럼 정리를 쌓아가는 게 바로 현대 과학이 성공한 핵심이라고 할 수 있습니다.

'레고 이론'은 수학에도 잘 적용되지만, 실험 과학과 결정적으로 다른 점이 하나 있습니다. 바로, 수학은 영원하다는 점입니다. 피타고라스의 정리 같이 고대의 수학조차도 틀렸다고 부정되지 않는다는 겁니다. 평면에 있는 직각삼각형이 $a^2 + b^2 = c^2$을 만족한다는 건 사실이고 항상 사실로 남을 것입니다. 하지만 어떻게 더 나아갈까요? 종종 수학자들이 하는 일은 가정을 바꿔보는 것입니다. 예를 들어, 평면 위에 있는 삼각형이 아니라 곡면 위에 있는 삼각형이라면? 그렇다면 피타고라스의 정리는 더는 유효하지 않을 것입니다. 그 대신에 새롭고 흥미로운 비유클리드 기하학이 결과로 나타납니다. 간단한 사실인 12 + 1 = 13을 봅시다. 만약 12 + 1 = 1이라고 주장한다면? 이건 미친 것 같이 보일지도 모릅니다. 하지만 내일 정오까지 기다렸다가 한 시간 뒤 몇 시냐고 한번 물어보면 아마도 오후 1시라고 대답할 것입니다. 그렇다면 12 +

1 = 1이 된 것 아닌가요?[i]

우리가 시간을 이야기할 때는 이 이상한 현상에 대해서 알아차린 적이 없을지도 모릅니다. 하지만 그게 바로 이 책의 주된 메시지입니다. 여러분 주변 세상을 눈을 크게 뜨고 자세히 보세요. 그러면 어디에서나 수학을 발견할 수 있습니다. 전에는 한 번도 관련이 있다고 생각한 적 없는 현상들을 수학이 깊고 아름다운 방식으로 연결하고 있는 걸 발견할 수 있지요. 이게 바로 수학을 재미있게 만드는 부분입니다. 저는 정말 여러분이 수학이 가르쳐주는 모든 걸 계속해서 알아보길 바랍니다.

오스카 에드워드 페르난데스

매사추세츠주 뉴턴에서[ii]

---

i 군인들에게 물어보면 여전히 13이라고 말할지 모르지만, 군인들도 24 + 1 = 1이라고 말한다.

ii 추신: 내가 사는 도시가 뉴턴이고 나는 미적분학에 관한 책을 쓰고 있다! 재미있는 일이다.

부록 A 함수와 그래프

알아차리지 못할 수도 있지만, 함수는 주변 어디에나 있어. 집 밖의 온도도 시간의 함수라고 할 수 있고, 주유소에서 주유하는 비용도 몇 리터를 넣느냐에 따라 달라지는 함수라고 할 수 있지. 내가 운동하면서 태우는 칼로리의 양도 운동한 시간의 함수라고 할 수 있지. 수학적으로 우리는 이런 시간과 주유한 양, 운동한 시간 등을 독립 변수라고 하고 x를 사용해서 나타내. 그 결과로 나타나는 온도와 주유비, 칼로리 등은 종속 변수라고 부르고 y를 써서 나타내지. $y = f(x)$라고 써서 '종속 변수 y가 독립 변수 x에 의존한다.' 또는 'y가 x의 함수'라고 나타내지.

앞의 세 예제에서 공통으로 나타나는 한 가지 중요한 특징은 각각의 독립 변수에 대한 고유의 종속 변수가 있다는 말이야. 무슨 말이냐면 30분 동안 운동할 때 100칼로리를 태우고, 또 동시에 120칼로리를 태울 수는 없다는 말이지. 둘 중의 하나는 될 수 있지만 둘 다 될 수는 없어. 이게 수학적 함수의 정의야. 함수는 입력의

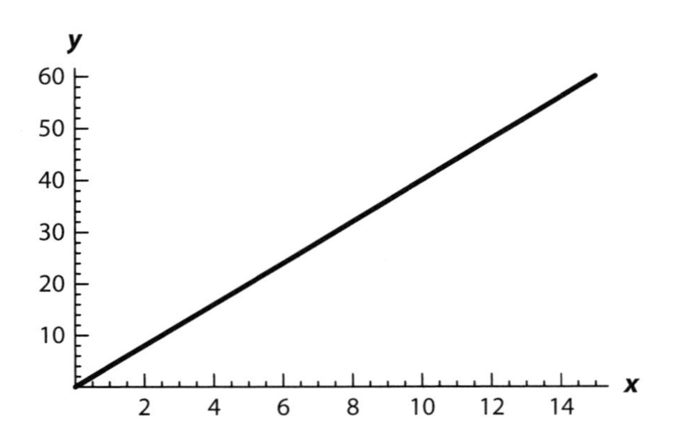

그림 A-1 함수 $f(x) = 4x$의 그래프

집합과 출력의 집합 사이의 관계라고 할 수 있는데, 하나의 입력이 하나의 출력에 배정되지. 이 입력의 집합을 함수의 정의역이라고 부르고 출력의 집합은 치역이라고 불러.

함수를 시각화하는 데 매우 유용한 방법은 그래프를 그리는 거지. 일반적으로 독립 변수 x를 가로축에 두고 y를 세로축에 두지. 예를 들어, 1갤런당 주유비가 $4라고 할 때, x갤런에 해당하는 총 주유비 함수는 $y = f(x) = 4x$가 되겠지. 이 함수의 그래프를 **그림 A-1**에 나타냈어.

앞에서 정의한 대로라면 주유를 하지 않을 수도 있고, 원하는 만큼 할 수도 있으니까 함수 $f(x)$의 정의역은 0과 모든 양수가 되지. 반면에 음수가 정의역에 들어가지 않는 이유는 간단해. −3갤런만큼 주유할 수는 없잖아. $f(x)$의 치역 또한 0과 모든 양수겠지. $f(2) = 4(2) = 8$은 2갤런을 주유하는 비용이 $8라는 걸 뜻해. 이처럼 함숫값을 구할 수 있겠지.

그림 A-1의 그래프는 $g(x) = mx + b$의 형태를 가진 선형(1차) 함수인데, 그래프가 선을 그리기 때문에 선형이라고 부르는 거지. 이 식에서 숫자 m과 b는 중요한 뜻이 있어. $g(0) = m(0) + b = b$니까 b는 x가 0일 때 y 값이라고 할 수 있지. **그림 A-1**의 함수 $f(x)$에서 $b = 0$이라는 걸 알 수 있으니까 $x = 0$일 때 $y = 0$이겠지. 이 점을 (0, 0)이라고 써. 이런 함수 $g(x)$의 그래프가 y축과 만나는 점이 바로 b니까 이걸 y 절편이라고 부르지. m은 기울기라고 불러. 수학적으로 $g(x)$와 같은 선형 함수의 기울기는 다음과 같이 구할 수 있어.

$$m = \frac{g(b) - g(a)}{b - a} \qquad (94)$$

이때, a와 b는 서로 다른 x 값이지. **그림 A-1**을 보면 함수 $f(x)$의 기울기를 바로 알아차릴 수 있지. $f(x)$의 기울기는 4야. 좋았어, 하지만 기울기가 무엇을 뜻하는 걸까? 음, 두 x 값 $x = 0$과 $x = 1$을 (94)번 공식에 사용하면 $4(1 - 0) = f(1) - f(0)$이 되는 걸 알고 있지. 이 공식을 통해 x가 1단위만큼 바뀔 때 y는 4단위만큼 바뀐다는 걸 알 수 있어. 종종 "x가 0에서 1이 될 때, y는 4만큼 증가한다."라고 읽어. 그런 이유로 때로는 기울기를 "밑변 분의 높이"라고 읽기도 하지.

그림 A-1에서 또 주목할 점은 이 그래프를 보면 x 값에 해당하는 오직 하나의 y 값만 존재한다는 점이지. 이게 함수의 정의에서 알 수 있는 일반적인 특징이지. 만약 반대로 주어진 x 값에 두 가지 y 값이 나타난다면 함수라고 할 수 없어. 이런 결론을 통해 우리가 보고 있는 그래프가 함수의 그래프인지 알 수 있지. 어떤 수직선과 그래프가 만나는 점이 두 개 이상이라면, 그 그래프는 함수의 그래프라고 할 수 없어. 이걸 '수직선 테스트'라고 불러.

이 수직선 테스트를 통과하지 못하는 그래프의 예를 하나 들자면 다음과 같아.

$$(x^2 + y^2 - 1)^3 - x^2y^3 = 0$$

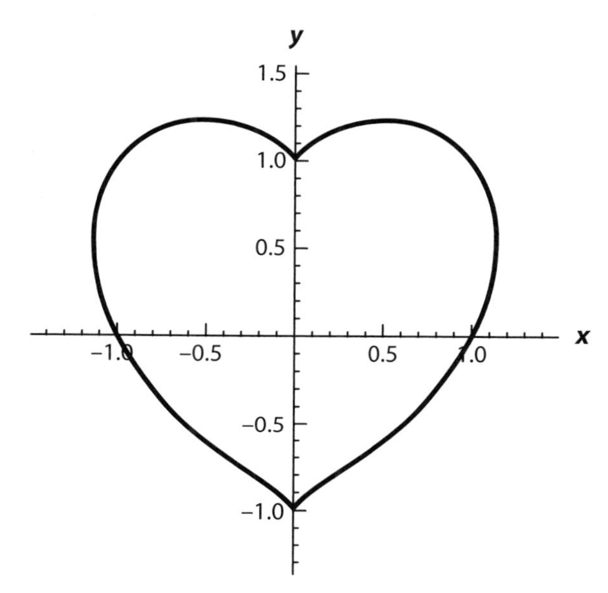

그림 A-2 $(x^2 + y^2 - 1)^3 - x^2y^3 = 0$의 그래프

그림 A-2를 보면 이 방정식 그래프의 많은 점에서 수직선 테스트를 통과하지 못하지.

함수의 종류는 매우 많지만 자주 사용하는 함수들을 나타내자면 다음과 같아.

1. 멱함수: 이 함수들은 a, n이 숫자일 때 $f(x) = ax^n$의 형태로 나타

내는 함수들이지(예: $f(x)=2x^2, f(x)=\frac{1}{3}x^{3/2}$)

2. 다항 함수: n이 0, 1, 2, ... 인 멱함수들을 더하게 되면 함수 $f(x) = a_0 + a_1x + a_2x^2 + \ldots + a_nx^n$을 얻을 수 있지. 이 함수들은 가장 높은 x의 차수를 따라 이름을 부르는데, 예를 들어 다항 함수 $f(x) = 1 + 2x$는 1차 함수이고 $f(x) = 4 + 3x - 7x^2$은 2차 함수라고 불러.

3. 유리 함수: 두 가지 다항 함수를 서로 나누면 유리 함수가 되지. 예를 들어 함수 $f(x) = (1 + 2x + 3x^2)/(3 - x)$와 같아. 이 경우 $x = 3$일 때 $f(3) = 34/0$이 되니까 함수가 정의되지 않는 문제가 있지. 두 가지 0이 아닌 수를 나누면 고유의 답을 얻을 수 있지(예를 들어, 18/9 = 2). 여기에서 분자를 분모와 몫의 곱으로 나타낼 수 있어(즉, 18 = 2(9)). 0으로 숫자를 나눌 때, 문제는 두 번째 식이 모든 몫에 대해 성립한다는 거야. 예를 들어, 0=2(0)이고 0=7(0)이지. 이런 이유로 우리는 모든 공식을 0으로 나누는 걸 금지하는 거지. 그러니까 함수 $f(x)$의 정의역은 $x = 3$을 포함하지 않게 되지.

4. 삼각 함수: 가장 자주 사용하는 삼각 함수는 사인 함수 $f(x) = \sin x$와 코사인 함수 $g(x) = \cos x$가 있지. 이 함수들은 y 값들이 그래프에서 지속적으로 반복되기 때문에 주기 함수라고 부르지.

그림 A-3(c)의 그래프(사인 함수)를 보면 수평선 $y = 0$에서 그래프가 반으로 잘라지는 걸 알 수 있어. 이 y 값을 정중선이라고 부르고 C라고 써. 또한, y의 최댓값이 1이라는 걸 볼 수 있지. 정중선과 최댓값의 차를 진폭이라고 부르고 A라고 쓰지. 이 경우에 $A=1$이라고 할 수 있어. 사인 함수, 코사인 함수와 관련된 마지막으로 중요한 숫자는 진동수 F라고 할 수 있어. 이 숫자는 단위 길이에 해당하는 구간에 몇 번의 주기가 있는지 말해주지.[i] 이와 연관이 있는 개념은 각진동수인데 B라고 쓰고, 길이가 2π인 구간에 몇 번의 주기가 있는지 말해주는 거야(이때 $\pi \approx 3.14$). 여기서 진동수와 각진동수는 $F = B/2\pi$의 관계가 있지. 마지막으로 주기 $T = 2\pi/B = 1/F$라고 할 수 있는데, 이 수는 함수 $f(x)$의 그래프가 한 주기를 마칠 때까지 걸리는 x 구간의 길이를 말해주지. 이런 숫자들을 사용해서 사인 함수나 코사인 함수를 나타내면 다음과 같아.

$$f(x) = A\sin(Bx) + C, \quad g(x) = A\cos(Bx) + C$$

---

i 한 '주기'는 그래프에서 두 개의 봉우리 사이를 뜻한다. 또는 골짜기에서 골짜기 사이라고도 할 수 있다.

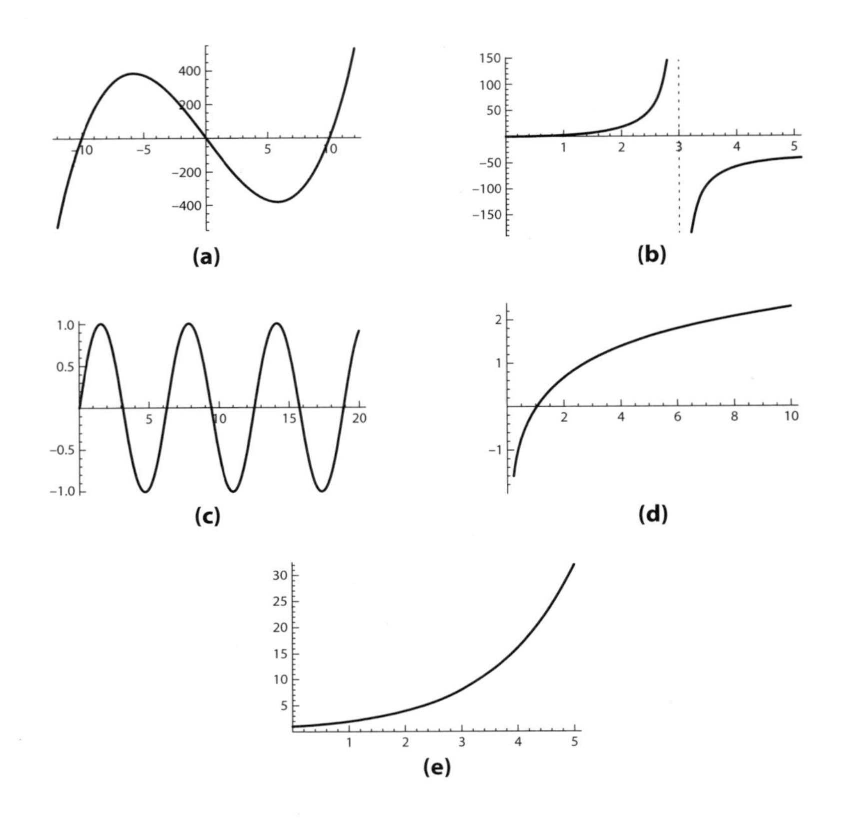

그림 A–3 (a) 다항 함수 $f(x) = 1 - 100x + x^3$의 그래프 (b) 유리 함수 $f(x) = (1 + 2x + 3x^2)/(3 - x)$의 그래프 (c) 삼각 함수 $f(x) = \sin x$의 그래프 (d) 로그 함수 $f(x) = \ln x$의 그래프 (e) 지수 함수 $f(x) = 2^x$의 그래프

그래프 (b)에 나타낸 수직선은 함수의 그래프 부분이 아니라는 점에 주의. (b)의 그래프는 앞에서 이야기했던 '유리 함수'의 예. 수직선 $x = 3$은 이 함수가 $x = 3$에서 정의되지 않는다는 걸 보여준다. 이게 바로 수직 점근선의 예이다.

그림 A-3(c)의 사인 함수는 주기 $T = 2\pi$이고, 각진동수 $B = 1$이고 진동수 $F = 1/2\pi$이라고 할 수 있지. 그리고 A, C, T를 사용해서 **그림 A-3**(c)의 함수를 나타내면 $f(x) = 1 \cdot \sin(x) + 0$이라고 할 수 있어.

5. 지수 함수: 이 함수들은 $f(x) = ab^x$이라고 쓸 수 있는데, $f(0) = a$이기 때문에 a는 초깃값이라 부르고 b를 밑(또는 기수)이라고 부르지(예: $f(x) = 2e^x$, $g(x) = -7(2^x)$). 이 책에서는 밑이 0보다 큰($b > 0$) 지수 함수만 고려했어. 또한, 여러 밑 중에서 자연로그의 밑인 e를 자주 사용하지(이때 $e \approx 2.71$). 또한, 지수 함수에는 다음과 같은 두 가지 중요한 법칙이 있어. ① $a^x b^x = (ab)^x$, ② $a^x a^y = a^{x+y}$

6. 로그 함수: 로그 함수는 $f(x) = a \log_b x$ 형태를 가져. 여기에서 b 〉 0인데 지수 함수와 마찬가지로 b는 밑이라고 불러. 가장 자주 사용하는 두 가지 밑 중에서 $b = 10$일 때는 $\log_{10} x$ 대신에 $\log x$라고 쓰고, 또 다른 밑 $b = e$일 때는 $\log_e x$ 대신에 $\ln x$라고 쓰지. 로그 함수와 지수 함수는 역함수 관계에 있어. 무슨 말이냐면 예를 들어 $y = 5^x$이라면 $x = \log_5 y$라고 할 수 있지.

부록 1

1. 주어진 특정한 수면 주기의 정보를 A, B, C를 사용해 함수 $f(t) = A\cos(Bt)+C$로 나타낼 수 있지. 부록 A에서 $B = 2\pi/T$라고 배웠으니 여기에 $T = 1.5$를 대입하면 $B = (4/3)\pi$가 되지. 거기에 가장 높은 수면 단계는 0이고 가장 낮은 단계는 -4니까 정중선은 $C = -2$라고 할 수 있어. 이런 값을 대입하면 1장에서 얻은 $f(t)$ 공식을 얻을 수 있지.

2. $f(t) = -1$의 공식을 다음과 같이 정리할 수 있지.

$$2\cos\left(\frac{4\pi}{3}t\right)=1, \quad 즉 \quad \cos\left(\frac{4\pi}{3}t\right)=\frac{1}{2}$$

양변에 코사인 역함수를 취하면 다음을 얻을 수 있어.

$$\frac{4\pi}{3}t=\frac{\pi}{3},\frac{5\pi}{3},\frac{7\pi}{3},\frac{11\pi}{3},\frac{13\pi}{3},\ldots,$$

이 문제에서 t는 시간을 나타내니 음수가 될 수 없겠지. t를 구하면 $t = 0.25,\ 1.25,\ 1.75,\ 2.75,\ 3.25,\ \ldots$와 같아. 이 숫자들을 기억하면서 **그림 A1–1**의 그래프에 $f(t) \geq -1$을 만족하는 회색 점들 사이의 구간들을 그릴 수 있지.

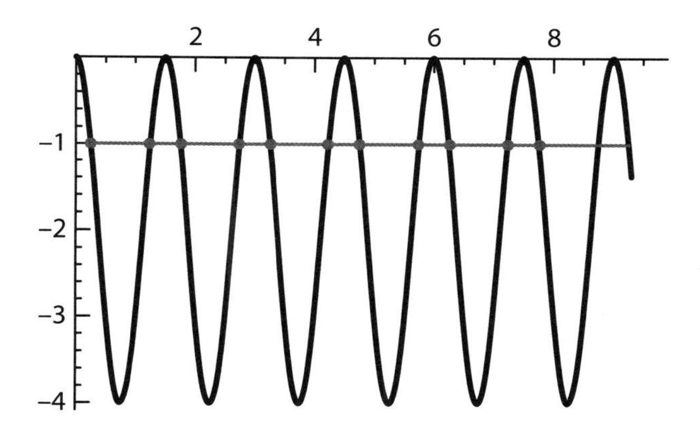

그림 A1–1 함수 $f(t)$의 그래프와 선 $y(t) = -1$이 만나는 점들

3. $L = 20\log_{10}(50{,}000p)$를 정리하면 $\log_{10}(50{,}000p) = L/20$이라고 할 수 있지. x가 양수일 때 $10^{\log_{10}x} = x$라는 사실을 이용해 다음과 같이 쓸 수 있지.

$$50{,}000p = 10^{L/20},\quad \text{즉} \quad p(L) = \frac{1}{50{,}000}10^{L/20}$$

4. 우리는 직관적으로 가속하는 물체의 속도는 시간에 따라 달라진다는 걸 알 수 있지(정지 상태에서 이륙하려고 가속하는 비행기를 생각해봐). 만약 시간 t_a와 t_b에서 물체의 속도 $v(t_a)$와 $v(t_b)$를 구하면, 이 시간 간격 사이의 물체 가속도 a는 다음과 같다고 할 수 있지.

$$a = \frac{v(t_b) - v(t_a)}{t_b - t_a}$$

물 분자에서도 가속도 $a = -g$를 고려해 시간 간격 $[0, t]$ 사이에서 속도를 구하면 다음과 같지.

$$-g = \frac{v(t) - v_y}{t - 0}, \qquad \text{즉} \qquad v(t) = v_y - gt$$

이 수식들은 가속도 a가 상수라서 가능하다는 점을 기억해둬.

5. $x(t) = v_x t$에서 $t = x/v_x$를 구한 뒤에 $y(t) = 6.5 + v_y t - (g/2)t^2$에 대입하면 다음 식을 얻게 되지.

$$y(x) = 6.5 + \frac{v_y}{v_x}x - \frac{g}{2v_x^2}x^2$$

부록 2

1. 2장의 (2)번 공식을 사용하면 지난 12개월간 AAPL의 평균 변화율은 다음과 같지.

$$\frac{P(12)-P(0)}{12-0}=\frac{\$610.76-\$390}{12\text{months}}\approx 18.4\ \$/\text{month}$$

지난 4개월간 평균 변화율은 이렇게 나타낼 수 있어.

$$\frac{P(12)-P(8)}{12-8}=\frac{\$610.76-\$625}{4\text{months}}=-3.56\ \$/\text{month}$$

평균 변화율의 단위 ($/month)를 보면, 분자의 단위($)를 분모의 단위(month)로 나눈 값이지.

2. 우리가 관심이 있는 간격은 $t = 8$에서 $t = 8 + h$까지니까 (2)번 공식에서 $a = 8$이고 $b = 8 + h$라고 할 수 있지. 그러니까 이 값을 (2)번 공식에 사용하면 다음과 같아.

$$m_{\text{avg}} = \frac{P(8+h)-P(8)}{8+h-8} = \frac{P(8+h)-P(8)}{h}$$

즉, 2장의 (3)번 공식과 같지.

3. (4)번 공식에서 점 $t = a$일 때 도함수의 정의에 따르면 다음 식을 얻을 수 있어.

$$T'(0) = \lim_{h\to 0}\frac{T(0+h)-T(0)}{h} = \lim_{h\to 0}\frac{75+85e^{-0.318h}-160}{h}$$

$$= \lim_{h\to 0}\frac{85(e^{-0.318h}-1)}{h}$$

부록 3

1. 이 주장은 함수 $f(x)$가 증가하고 있다면, 도함수 $f'(x)$는 양수라는 걸 말하지. 2장의 (4)번 공식에서 도함수의 정의를 기억하면서 이 주장을 확인해보자.

$$f'(x) = \lim_{h \to 0} \frac{f(x+h) - f(x)}{h}$$

여기에서 함수가 증가한다는 건 x 값이 증가할 때, y 값도 증가한다는 걸 뜻하지. 즉, $h > 0$이라면 $f(x+h) - f(x) > 0$이라는 걸 말해. 그래서 만약 $h > 0$이라면 분자와 분모 둘 다 양수이니까 도함수 $f'(x)$도 양수가 되겠지. $f(x)$가 감소하는 경우에는 마찬가지로 $f'(x)$가 음수가 되겠지.

자, 이번엔 거꾸로 $f'(x)$가 양수이면 $f(x)$는 증가한다고 할 수 있어. 다음 근삿값을 통해서 확인해보자.

$$f'(x) \approx \frac{f(x+h)-f(x)}{h}$$

h가 매우 작은 수라면 이 근삿값이 실제 값에 가깝겠지. 좌변이 양수니까 우변 또한 양수가 되어야 하겠지. 이건 형식적인 증명은 아니지만, 그게 이 책의 목적이 아니니까 말이지. 같은 방식으로 $f'(x)$가 음수라면 $f(x)$는 감소하고 있다고 확인할 수 있겠지.

2. 자, (12)번 공식을 통해 떨어지는 물방울의 최종 속도를 구해 보자.

$$(m(t)v(t))' = 9.8m(t)$$

이 공식에서 시작해서 좌변에 미분의 곱셈 법칙을 사용해 구한 도함수는 다음과 같아.

$$m'(t)v(t) + m(t)v'(t) = 9.8m(t)$$

여기에 (10)번 공식에 있는 $m(t)$의 변화율과 $m(t)$의 관계식을 사용하면 다음 식을 얻을 수 있지.

$$2.3m(t)v(t) + m(t)v'(t) = 9.8m(t)$$

이 식에서 모든 항이 $m(t)$를 포함하기 때문에 전체 식을 $m(t)$로 나누면($m(t)$는 절대 0이 아니니까 가능하지!), 모든 $m(t)$를 없앨 수 있고 다음 공식을 얻을 수 있어.

$$2.3v(t) + v'(t) = 9.8$$

이제 이런 식을 풀려면 미분 방정식을 사용해야지만, 이건 미적분을 배운 뒤에 배우는 내용이니까 우선 우리가 가진 걸로 해보자고. 여기에서 먼저 우변을 0으로 만들어봐. 그러기 위해 새로운 함수 $z(t) = v(t) - (9.8/2.3)$을 만들자. 그러면 $v(t) = z(t) + (9.8/2.3)$이 되고 $v'(t) = z'(t)$가 되겠지. 이 값들을 대입해보자.

$$9.8 + 2.3z(t) + z'(t) = 9.8, \quad 즉 \quad 2.3z(t) + z'(t) = 0$$

$$따라서 \quad z'(t) = -2.3z(t)$$

이제 조심스럽게 마지막 공식을 확인해볼까. 말 그대로 이 공식은 $z(t)$가 무엇이 되었든지 간에 그 함수 자체의 도함수와 비례한다는 걸 알려주고 있어. 이런 특징을 가진 함수로는 e^{at}가 있지. 연쇄 법칙을 사용해서 도함수를 구하면 ae^{at}가 되지. 원래 함수와 도함수가 비례하는 걸 확인할 수 있어. 그러니까 $z(t) = e^{at}$이라고 하면 마지막 공식을 다음과 같이 쓸 수 있지.

$$ae^{at} = -2.3e^{at}$$

e^{at}은 0이 될 수 없으니까 양변을 e^{at}으로 나누면 $a = -2.3$이 되겠지. 그러니까 $z(t) = e^{-2.3t}$이고 $v(t) = e^{-2.3t} + 9.8/2.3$이 되는 거지. $t = 0$일 때 초기 속도가 $v(0) = 9.8/2.3$이 되는 부분을 제외하면 완벽한 해답인데 말이지. 빗방울이 정지 상태에서 떨어진다고 가정했으니까 $v(0) = 0$이 되도록 만들고 싶은 거야. 다행히도 $v(t)$를 $v(t) = ke^{-2.3t} + 9.8/2.3$으로 고쳐 써서 해결할 수 있는데, k는 아직 정해지지 않았어. 분명 이 함수는 여전히 앞선 식의 해라고 할 수 있어(확인해 봐). 따라서 $v(0) = k + 9.8/2.3$을 0으로 만들려고 하니까 $k = -9.8/2.3$이 되는 거지. 자, 마지막으로 식을 다시 써 보자면 다음과 같아.

$$v(t) = -\frac{9.8}{2.3}e^{-2.3t} + \frac{9.8}{2.3} = \frac{9.8}{2.3}(1 - e^{-2.3t})$$

이 공식이 3장의 (13)번 공식과 같다는 걸 알 수 있지.

3. 그림 3–1을 보면 t가 커질수록 $v(t)$가 9.8/2.3에 가까워지는 걸 알 수 있어. 이걸 들으면 2장에서 배운 극한이 생각날 거야. 확실히 t가 커지면서 $v(t)$가 9.8/2.3을 넘지 못하는 걸 나타내려면 다음 식을 확인해야 해.

$$\lim_{t \to \infty} v(t) = \frac{9.8}{2.3}$$

이전에 한 것처럼 극한표를 만들 수도 있지만 이건 그냥 추론해보도록 하자. 지수 법칙을 통해 다음 식이 참이라는 걸 알 수 있지.

$$e^{-2.3t} = \frac{1}{e^{2.3t}}$$

그러니까 $v(t)$를 다시 쓰면 다음과 같아.

$$v(t) = \frac{9.8}{2.3} - \frac{9.8}{2.3e^{2.3t}}$$

여기에서 t가 커질수록 $e^{2.3t}$도 커지니까 마이너스 부호 뒤의 항은 점점 0에 가까워지겠지. 그러니까 $t \to \infty$에 가까워지면 9.8/2.3만 남게 된다는 거야.

4. 2장의 ⑷번 공식에서 도함수의 정의를 다시 기억해보면 다음과 같아.

$$f'(a) = \lim_{h \to 0} \frac{f(a+h) - f(a)}{h}$$

$h = x - a$라고 하면 h가 0에 가까워질수록 $x - a \to 0$ 또는 $x \to a$라고 할 수 있지. 이 값을 대입하면 다음과 같아.

$$f'(a) = \lim_{x \to a} \frac{f(x) - f(a)}{x - a}$$

5. 함수 $f(x)$의 그래프와 점$(a, f(a))$에서 접하는 접선의 식을 찾으려면 다음 공식을 사용해야 하지.

$$y - y_0 = m(x - x_0)$$

우리 모두 이게 접선이라는 걸 아니까, 이 식의 기울기가 $x = a$일 때 도함수 값인 $m = f'(a)$라고 할 수 있어. 이 선이 점$(a, f(a))$를 지나니까 $x_0 = a$이고 $y_0 = f(a)$라는 걸 이용해 다음 공식을 구할 수 있어.

$$y - f(a) = f'(a)(x - a), \quad \text{즉} \quad y = f(a) + f'(a)(x - a)$$

6. 우선 $J(x) = 3{,}000/\pi x^2$일 때 $J'(x)$를 구하려면 $J(x) = (3{,}000/\pi)x^{-2}$이라고 다시 쓰고 다항식의 미분을 사용해야 해. 즉, $f(x) = x^n$일 때 $f'(x) = nx^{n-1}$이 되니까 $J'(x)$는 다음과 같아.

$$J'(x) = \frac{3{,}000}{\pi}(-2x^{-3}) = -\frac{6{,}000}{\pi x^3}$$

이걸 사용하면 (15)번 공식의 근삿값은 다음과 같지.

$$J(6)-J(5)\approx J'(5)(6-5)=-\frac{6,000}{\pi(8,046.72)^3}(1,609.34)\approx -5.9\times 10^{-6}$$

여기에서 5마일 = 8,046.72미터, 1마일 = 1,609.34미터로 단위를 환산했어.

7. 다항식의 미분을 사용하면 $f'(x) = 2x$이고 $f''(x) = 2$가 되지. 그리고 $g'(x) = -2x$이고 $g''(x) = -2$가 되니까 0을 대입하면 (16)번 공식을 얻을 수 있어.

8. (18)번 공식을 다음과 같이 바꿔서 써보자.

$$z(x)=y(1-x)^{-1/2}$$

이때, $x = v^2/c^2$이지. 이제 선형으로 근삿값을 구하면 다음과 같아.

$$z(x)\approx z(0)+z'(0)(x-0)$$

또한, 연쇄 법칙에 따라 다음 식을 얻을 수 있지.

$$z'(x) = \frac{y}{2}(1-x)^{-3/2}, \qquad \text{따라서} \qquad z'(0) = \frac{y}{2}$$

그러므로 (19)번 공식과 같은 근삿값은 다음과 같이 얻을 수 있어.

$$z(x) \approx y + \frac{y}{2}x = y\left(1 + \frac{1}{2}x\right) = y\left(1 + \frac{v^2}{2c^2}\right)$$

부록 4

1. 함수의 몫 $f(x)/g(x)$를 미분하려면(이때, $g(x) \neq 0$이라고 가정) 몫의 법칙을 사용하지.

$$\left(\frac{f(x)}{g(x)}\right)' = \frac{f'(x)g(x) - f(x)g'(x)}{(g(x))^2}$$

몫의 법칙을 $A(x)$ 함수에 적용하면 다음과 같아.

$$A'(x) = \frac{p'(x)x - p(x)(1)}{x^2} = \frac{xp'(x) - p(x)}{x^2}$$

2. $A'(x)$의 분모는 항상 음이 아니니까 분자가 양수일 때 $A'(x) > 0$이라고 할 수 있지. 그러니까 다음 식이 성립하지.

$$xp'(x) - p(x) > 0, \quad 즉 \quad p'(x) > \frac{p(x)}{x} = A(x)$$

3. 다음 공식에서 시작해서 이어지는 식을 얻을 수 있어.

$$p'(x) > A(x) = \frac{p(x)}{x}, \qquad \text{따라서} \qquad \frac{p'(x)}{p(x)} > \frac{1}{x} \quad \text{(A1−1)}$$

따라서 함수 $p(x)$는 다음 등식을 만족하게 되지.

$$\frac{p'(x)}{p(x)} = \frac{k}{x}$$

이때 $k > 1$이고 자연스럽게 (A1−1)의 조건을 만족하게 되지. 이 식을 풀려면 좌변의 도함수가 로그 함수 $p(x)$의 도함수라는 점을 이용해야 해. 즉, 다음과 같지.

$$\left(\ln p(x)\right)' = \frac{p'(x)}{p(x)}$$

따라서 다음 식을 얻을 수 있어.

$$\left(\ln p(x)\right)' = \left(\ln Cx^k\right)'$$

여기에서 $C > 0$이고, $p(x) = Cx^k$가 될 거야.

4. $I(t)$의 식을 다음과 같이 다시 쓸 수 있지.

$$I(t) = 20(1+3e^{-20kt})^{-1}$$

여기에 다음과 같은 연쇄 법칙을 사용해보자.

$$(f(g(x)))' = f'(g(x))g'(x)$$

그러면 다음 식을 얻을 수 있지.

$$\begin{aligned} I'(t) &= -20(1+3e^{-20kt})^{-2}(-60ke^{-20kt}) \\ &= k\frac{20}{1+3e^{-20kt}} \cdot \frac{60e^{-20kt}}{1+3e^{-20kt}} \\ &= kI \cdot \frac{20 \cdot 3e^{-20kt}}{1+3e^{-20kt}} = kI\left(20 - \frac{20}{1+3e^{-20kt}}\right) = kI(20-I) \end{aligned}$$

5. I에 대해 I'의 그래프를 그려보자. (25)번 공식에서 우리가 보는 그래프가 2차 함수라는 걸 알 수 있지(**그림 A4-1**). 그리고 'x 절편'들이 $I = 0$과 $I = 20$이니까 함수의 최댓값은 그 사이 절반 위치

I = 10에 있겠지. 그래프를 보면 I = 10 이전에는 함수가 증가하고 있고(그렇기 때문에 접선의 기울기는 양수이고), I = 10 이후에는 함수가 감소하고 있지(물론 접선의 기울기는 음수가 되겠지). 그렇지만 이 접선들이 I'의 도함수니까 I''이라고 할 수 있겠지. 그렇기 때문에 I = 10 이전에는 $I''(t) > 0$이고 이후에는 $I''(t) < 0$가 되니까 C = 10이 바로 변곡점의 'y 값'이 되겠지.

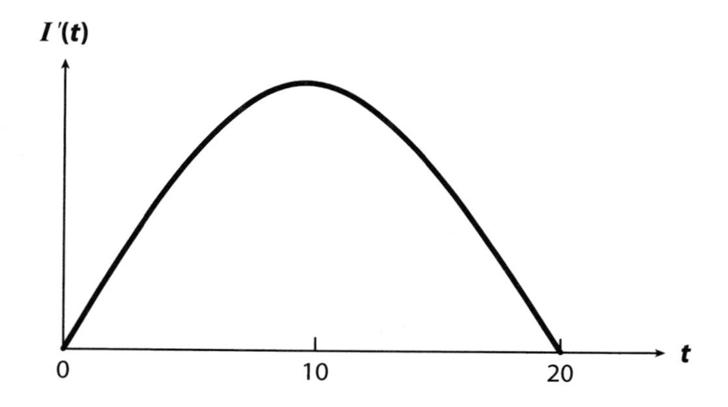

그림 A4–1. 함수 $20kI - kI^2$의 그래프

이 변곡점이 되는 시간 t^*를 구하려면 $I(t^*)$ = 10을 만족하는 t^* 값을 구하면 돼.

6. 수학에서 '결국(Eventually)'이라는 말은 보통 $t \to \infty$와 같은 뜻으로 사용하지. 그러니까 (26)번 공식을 사용해서 극한을 구하면 다음과 같아.

$$\lim_{t\to\infty}\frac{20}{1+3e^{-20kt}}=\frac{20}{1+3\lim_{t\to\infty}e^{-20kt}}=20$$

7. 극한값을 구하면 다음과 같아.

$$\lim_{t\to\infty}\frac{(a-c)p_0}{bp_0+((a-c)-bp_0)e^{-(a-c)t}}$$
$$=\frac{(a-c)p_0}{bp_0+((a-c)-bp_0)\lim_{t\to\infty}e^{-(a-c)t}}=\frac{(a-c)p_0}{bp_0}=\frac{a-c}{b}$$

이때 $c < a$라고 가정해서 $t \to \infty$일 때 $e^{-(a-c)t} \to 0$이 되었지.

8. $B(t)=\left(B(0)+\dfrac{100s}{r}\right)e^{rt/100}-\dfrac{100s}{r}$

앞선 수식에 연쇄 법칙을 사용하면 다음과 같아.

$$B'(t) = \left(B(0) + \frac{100s}{r}\right)\left(\frac{r}{100}\right)e^{rt/100} = \frac{r}{100}\left(B(t) + \frac{100s}{r}\right)$$

$$= \frac{r}{100}B(t) + s$$

9. 20년 동안 저금한 원금 총액은 $20 \times \$5,000 = \$100,000$이 되겠지. $B(20)$에서 이 금액과 초기 금액을 빼면 \$220,280.31이 남는데, 이게 20년간 계좌에 모아온 금액 \$320,280.31의 68.78%가 되는 거야.

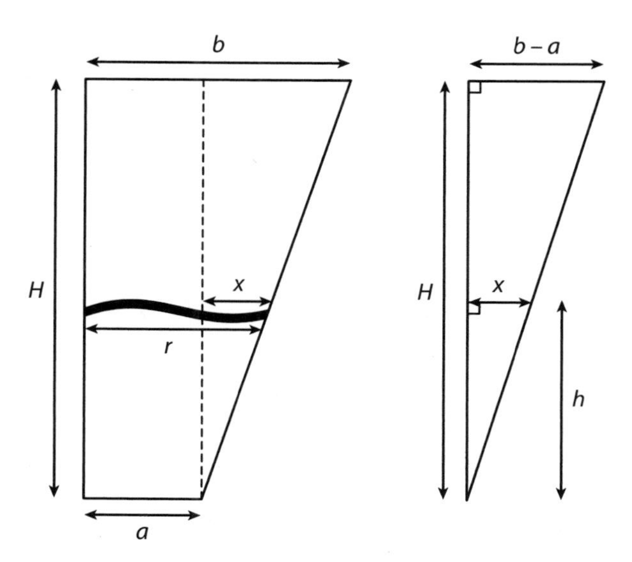

그림 A4-2 컵의 단면도

10. 그림 A4-2는 컵과 액체의 단면도를 나타내지. 만약 컵의 반지름 r을 $r = a + x$로 나타내면 두 삼각형을 통해 다음 관계를 정립할 수 있어.

$$\frac{x}{h} = \frac{b-a}{H}, \quad \text{즉} \quad x = \frac{(b-a)h}{H}, \quad \text{따라서} \quad r = a + \frac{(b-a)h}{H}$$

이 관계식으로 얻은 r을 원뿔대의 부피 공식에 대입하면 다음과 같아.

$$V = \frac{\pi h}{3}\left[\left(a + \frac{(b-a)h}{H}\right)^2 + a\left(a + \frac{(b-a)h}{H}\right) + a^2\right]$$

그리고 정리하면 다음과 같이 되지.

$$V = \frac{\pi}{3}\left(3a^2h + \frac{3a(b-a)}{H}h^2 + \frac{(b-a)^2}{H^2}h^3\right)$$

11. $V(h(t))$를 t에 대해 미분하려면 연쇄 법칙을 사용해야 하고, 그 결과로 $V'(h(t))h'(t)$를 얻을 수 있지. 여기에서 $V'(h(t))$는 다음과 같이 h에 대한 함수 $V(h)$의 도함수이지.

$$V'(h) = \frac{\pi}{3}\left(3a^2 + \frac{6a(b-a)}{H}h + \frac{3(b-a)^2}{H^2}h^2\right)$$

이제 마지막으로 $h'(t)$를 곱하면 4장의 (34)번 공식을 얻을 수 있어.

부록 5

1. $f(r) = kr^4$에서 $f'(r) = 4kr^3$을 구하고 이걸 $df = f'(a)\,dr$에 대입하면 다음과 같아.

$$df = 4ka^3\,dr$$

2. 페르마의 정리가 이 식을 보증하지. 우리의 목적과 연관이 있는 부분을 보면 함수 $f(x)$가 구간 $a < x < b$ 내의 어떤 점 x_0에서 미분 가능하고(즉, $f'(x_0)$가 존재하고) $f'(x_0) \neq 0$이라면, x_0는 f의 극값이 아니라고 말하고 있어. 그러니까 미분 가능한 함수의 모든 점에서 정류점만 극값이 될 수 있다는 말이지. 하지만 페르마의 정리에서 양끝점 a와 b는 전혀 상관이 없으니까 양끝점도 f의 최대나 최소를 찾을 때 고려해야 해.

3. 그림 A5-1을 보면 A에서 시작해 B에서 갈라져서 C로 이어지는데, A에서 B까지 거리를 l_1, B에서 C까지를 l_2라고 하자. 혈액이

흐르는 총 거리 l은 $l_1 + l_2$이고, 포이쉴리의 두 번째 법칙을 통해 총 저항이 다음과 같다는 걸 알 수 있지.

$$R = c\left(\frac{l_1}{r_1^4} + \frac{l_2}{r_2^4}\right)$$

앞선 수식을 보면 이제 l_1과 l_2를 찾으면 된다는 거야. 그림의 삼각형 부분을 보면 l_2를 알 수 있지.

$$\sin\theta = \frac{M}{l_2}, \quad \text{즉} \quad l_2 = \frac{M}{\sin\theta} = M\csc\theta$$

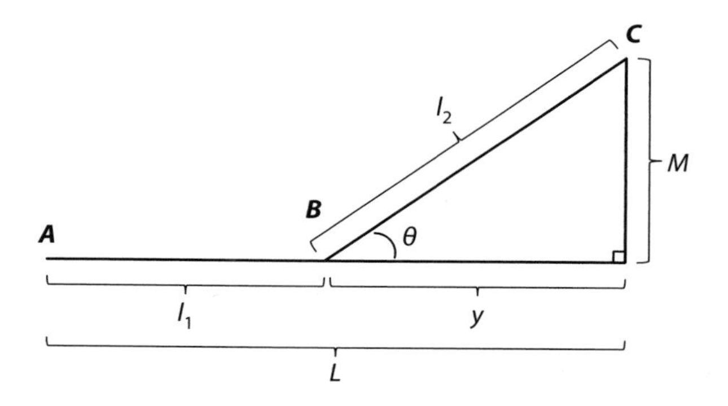

그림 A5–1 혈류가 동맥을 따라 흐르는 두 경로 ABC와 AB

주 동맥의 총 길이가 L이니까 삼각형의 밑변을 y라고 하면 $L = l_1$

+ y라고 할 수 있지. 여기에서 $l_1 = L - y$이니까 y 값을 구해야 해. 삼각형을 사용해 y 값을 구하면 다음과 같아.

$$\tan\theta = \frac{M}{y}, \quad \text{즉} \quad y = \frac{M}{\tan\theta} = M\cot\theta$$

따라서 $l_1 = L - M\cot\theta$이 되지. 이렇게 얻은 l_1과 l_2를 저항 R 공식에 사용하면 다음 식을 얻을 수 있어.

$$R = c\left(\frac{L - M\cot\theta}{r_1^4} + \frac{M\csc\theta}{r_2^4}\right)$$

4. 도함수 $R'(\theta)$는 다음과 같아.

$$R'(\theta) = c\left[\frac{M}{r_1^4}\csc^2\theta - \frac{M\csc\theta\cot\theta}{r_2^4}\right]$$

이 도함수를 0으로 놓으면 다음 식을 얻을 수 있지.

$$\frac{M}{r_1^4}\csc^2\theta = \frac{M\csc\theta\cot\theta}{r_2^4}, \quad \text{즉} \quad \frac{r_2^4}{r_1^4} = \frac{M\csc\theta\cot\theta}{M\csc^2\theta} = \cos\theta$$

5. $R(x) = 12,000 + 140x - 2x^2$에서 다항식의 미분을 사용하면 다음 식을 얻을 수 있지.

$$R'(x) = 140 - 4x$$

6. $R(x)$에 $x = 35$를 대입하면 다음과 같아.

$$R(35) = 12,000 + 140(35) - 2(35)^2 = \$14,450$$

7. 그림 5–5의 직각삼각형을 사용하면 다음을 알 수 있지.

$$y^2 = (6-x)^2 + (2.1)^2$$

여기서 $g = \frac{x}{36} + \frac{y}{29}$를 이용해서 y를 대체하면 다음과 같아.

$$g(x) = \frac{x}{36} + \frac{\sqrt{(6-x)^2 + 4.41}}{29}$$

8. $g(x)$를 다음과 같이 다시 써보자.

$$g(x) = \frac{x}{36} + \frac{1}{29}\left[(6-x)^2 + 4.41\right]^{1/2}$$

이 $g(x)$를 사용해서 도함수를 구하면 다음과 같지.

$$g'(x) = \frac{1}{36} + \frac{1}{29}\left(\frac{1}{2}[(6-x)^2 + 4.41]^{-1/2}(-2(6-x))\right)$$

$$= \frac{1}{36} - \frac{6-x}{29\sqrt{(6-x)^2 + 4.41}}$$

이제 도함수를 0으로 놓으면 다음과 같아.

$$\frac{1}{36} = \frac{6-x}{29\sqrt{(6-x)^2 + 4.41}}$$

양변을 교차로 곱하고 제곱하면 다음 식이 되지.

$$841\left[(6-x)^2 + 4.41\right] = 1{,}296(6-x)^2$$

여기에서 동류항으로 정리하면 다음 식을 얻을 수 있어.

$$455x^2 - 5,460x + 12,671.2 = 0$$

이제 근의 방정식을 사용해서 2차 방정식의 해를 구하면 $x \approx 3.14$와 $x \approx 8.86$을 구할 수 있지만, 구간 $0 \le x \le 6$을 만족하는 x는 3.14이므로 8.86은 제외하자.

부록 6

1. 우리가 더하려는 두 넓이는 사각형의 넓이 $A = bh$(여기서 b와 h는 각각 사각형의 밑변과 높이)와 삼각형의 넓이 $A = (1/2)bh$(여기서 b와 h는 각각 삼각형의 밑변과 높이)이지. 따라서 다음을 얻을 수 있어.

$$A_I + A_{II} = (35)(0.0042) + \frac{1}{2}(35)(0.0083 - 0.0042) \approx 0.22\text{mile}$$

2. 좌변의 식을 더하면 다음과 같아.

$$\frac{b}{n}v(t_0) + \frac{b}{n}v(t_1) + \cdots + \frac{b}{n}v(t_{n-1}) = [v(t_0) + v(t_1) + \cdots + v(t_{n-1})]\frac{b}{n}$$

우변의 식을 더하면 다음과 같지.

$$\left[s\left(\frac{b}{n}\right)-s(0)\right]+\left[s\left(\frac{2b}{n}\right)-s\left(\frac{b}{n}\right)\right]+\cdots$$

$$+\left[s(b)-s\left(\frac{(n-1)b}{n}\right)\right]=s(b)-s(0)$$

두 변을 비교하면 다음과 같고,

$$[v(t_0)+v(t_1)+\cdots+v(t_{n-1})]\frac{b}{n}=s(b)-s(0)$$

좌변을 리만합으로 나타내면 다음 식을 얻을 수 있어.

$$\sum_{i=0}^{n-1} v(t_i)\frac{b}{n}=s(b)-s(0)$$

3. 다항식의 미분을 사용하면 다음과 같다는 사실을 알고 있지.

$$\left(\frac{x^{n+1}}{n+1}\right)'=x^n$$

이때 n은 -1이 아닌 숫자야. 그러니까 다음과 같이 쓸 수 있지.

$$\frac{x^{n+1}}{n+1}=\int x^n\,dx \qquad (n\neq-1)$$

이제 한 가지 헷갈리는 부분은 이것이 x^n의 유일한 역도함수가 아니라는 부분이야. 즉, 다음과 같은 함수들의 도함수도 x^n이라는 거지.

$$\frac{x^{n+1}}{n+1}+1 \qquad \text{또는} \qquad \frac{x^{n+1}}{n+1}+14$$

그러니까 x^n의 가장 일반적인 역도함수는 다음과 같아.

$$\int x^n\,dx = \frac{x^{n+1}}{n+1}+C \qquad (n \neq -1)$$

여기에서 C는 임의의 상수이지. 이걸 적용해서 $-g$의 역도함수를 구하면 다음과 같아.

$$v(t) = \int -g\,dt = -gt + C$$

이때 $t = 0$이면 $v(0) = C$이고, 따라서 C는 초기 속도를 나타내니까 C를 v_0라고 쓴다면 다음 식을 얻을 수 있지.

$$v(t) = v_0 - gt$$

4. 두 함수의 합의 도함수는 두 함수의 도함수의 합과 같다는 점을 기억하자. 적분에서도 마찬가지야.

$$y(t) = \int (v_0 - gt)dt = \int v_0 dt + \int -gt dt = y_0 + v_0 t - \frac{1}{2}gt^2$$

5. $1 - \int_0^5 \frac{1}{5}e^{-t/5} dt$

앞선 적분은 u로 치환해서 구할 수 있지. $u = -t/5$를 만족하는 변수 u를 미분하면 $du = -1/5dt$ 또는 $dt = -5du$가 되겠지. 이렇게 치환하고 나면 적분 구간의 양끝점 $t = 0$은 $u = -(0)/5 = 0$, $t = 5$는 $u = -5/5 = -1$이 되지. 이걸 이용해 적분을 다시 써보면 다음과 같아.

$$1 - \int_0^{-1} \frac{1}{5}e^u(-5du) = 1 + \int_0^{-1} e^u du = 1 - \int_{-1}^0 e^u du$$

이제 미적분학의 기본 정리를 사용하자. $(e^x)' = e^x$이니까 e^u의 역도함수는 e^u이지.

$$1 - \int_{-1}^0 e^u du = 1 - (e^0 - e^{-1}) = e^{-1} \approx 0.368$$

부록 7

1. 그림 7-2의 삼각형에 코사인 법칙을 적용하면 다음과 같아.

$$(24)^2 = a^2 + b^2 - 2ab\cos\theta, \quad \text{즉} \quad 2ab\cos\theta = a^2 + b^2 - 576$$

이 식을 θ에 대해 풀면 다음 식을 얻을 수 있지.

$$\cos\theta = \frac{a^2 + b^2 - 576}{2ab}, \quad \text{즉} \quad \theta = \arccos\left(\frac{a^2 + b^2 - 576}{2ab}\right)$$

a와 b를 구하려면 **그림 7-2**의 삼각형을 두 개의 삼각형으로 나눠야 해(**그림 A7-1** 참고). 이 두 삼각형은 모두 다음과 같은 밑변을 가지지.

$$z = 10 + x\cos\beta$$

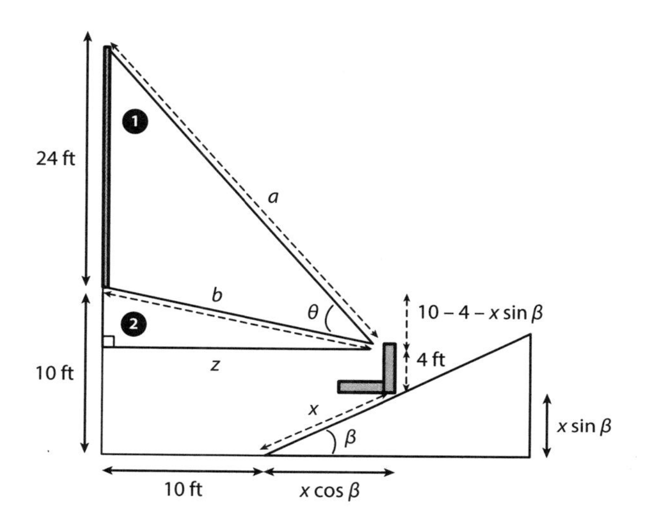

그림 A7–1 시야각에 관련된 두 개의 직각삼각형

그리고 피타고라스의 정리를 사용하면 다음과 같아.

$$a^2 = (10 + x\cos\beta)^2 + (34 - 4 - x\sin\beta)^2$$
$$b^2 = (10 + x\cos\beta)^2 + (10 - 4 - x\sin\beta)^2$$

이제 정리하면 7장의 공식에 나오는 a와 b를 얻을 수 있지.

2. $\Delta z = \sqrt{(\Delta x)^2 + (\Delta y)^2}$

앞선 수식에서 Δy가 구간 Δx에서의 $y = f(x)$의 변화를 나타내니까 **그림 7–5**에 나타낸 f는 미분 가능한 함수라고 할 수 있지.

여기에 평균값의 정리를 사용하면 구간 Δx에서 어떤 x_i에 대해 다음 식을 만족하지.

$$\Delta y = f'(x_i)\Delta x$$

이제 이를 사용해서 Δz를 나타내면 다음과 같지.

$$\Delta z = \sqrt{(\Delta x)^2 + [f'(x_i)]^2(\Delta x)^2} = \sqrt{1 + [f'(x_i)]^2}\,\Delta x$$

참고문헌

1 Klein, S. and Thorne, B.M. *Biological Psychology*(New York: Worth Publishers, 2007).

2 Klein and Thorne, *Biological Psychology*.

3 Carr, N. *The Big Switch: Rewiring the World, from Edison to Google*(New York: W. W. Norton & Company, 2008).

4 이러한 '전류의 전쟁(War of Currents)'은 다음 도서에서 자세히 찾아볼 수 있다. *AC/DC: The Savage Tale of the First Standards War*, by Tom McNichol(San Francisco:Jossey-Bass, 2006).

5 *WBUR Highlights & History*. URL http://www.wbur.org/about/highlights-and-history.

6 Avison, J. *The World of Physics*(Cheltenham, UK: Thomas Nelson and Sons, 1989).

7 Gelfand, S.A. *Essentials of Audiology*(New York: Thieme Medical Publishers, 2009).

8 Gelfand, *Essentials of Audiology*.

9 Avison, *The World of Physics*.

10 갈릴레오의 삶과 업적을 주제로 다룬 책은 수없이 많다. 그중에서 최근의 훌륭한 도서는 다음과 같다. David Wootton's *Galileo: Watcher of the Skies*(New Haven: Yale University Press, 2010).

11 갈릴레오의 발견을 도운 중세 시대의 과학적 진보에 대한 내용은 다음 도서에서 자세히 찾아볼 수 있다. *God's Philosophers*, by James Hannam(London: Icon, 2009).

12 Kornblatt, S. *Brain Fitness for Women*(San Francisco: Red Wheel/Weiser, 2012).

13 Downs, A. *Still Stuck in Traffic: Coping with Peak-Hour Traffic Congestion*(Washington, D.C.: Brookings Institution Press, 2004).

14 "The American Commuter Spends 38 Hours a Year Stuck in Traffic." *The Atlantic*, February 6, 2013. URL http://www.theatlantic.com/business/archive/2013/02/the-american-commuter-spends-38-hours-a-year-stuck-in-traffic/272905/.

15 "The American Commuter."

16 U.S. Department of Commerce. *Population Estimates.* URL http://www.census.gov/popest/data/historical/.

17 Got, J. Richard III. *Time Travel in Einstein's Universe: The Physical Possibilities of Travel through Time*(New York: Mariner Books, 2002).

18 Landa, Heinan. "You vs. Your Inbox." *Washington Business Journal.*, January 23, 2013. URL http://www.bizjournals.com/washington/blog/techflash/2013/01/you-vs-your-inbox-guest-blog.html.

19 *The Shocking Cost of Internal Email Spam.* URL http://www.vialect.com/cost-of-internal-email-spam.

20 Mui, Ylan Q. "Americans Saw Wealth Plummet 40 Percent from 2007 to 2010, Federal Reserve Says." *Washington Post*, June 11, 2012. URL http://articles.washingtonpost.com/2012-06-11/business/35461572_1_median-balancemedian-income-families.

21 Shell, Adam. "Holding Stocks for 20 Years Can Turn Bad Returns to Good." *USA Today*, June 8, 2011. URL http://usatoday30.usatoday.com/money/perfi/stocks/2011-06-08-stocks-long-term-investing_n.htm.

22 이는 오래된 문제로 자세한 내용은 1926년까지 거슬러 올라간다. 당시 세실 D. 머레이(Cecil D. Murray)는 다음과 같은 논문을 발표했다. "The Physiological Principle of Minimum Work Applied to the Angle of Branching of Arteries," published in *The Journal of General Physiology*(in 1926).

23 Wilson, Susan. *Boston Sites and Insights: An Essential Guide to Historic Landmarks in and around Boston*(Boston: Beacon Press, 2004).

24 American Public Transportation Association. *2011 Public Transportation Fact Book*(Washington, D.C.: American Public Transportation Association, 2011).

25 Blakemore, Judith E. Owen, Berenbaum, Sheri A., and Liben, Lynn S. *Gender Development*(New York: Psychology Press, 2008).

26 Wilson, *Boston Sites and Insights.*

27 이 문제에 관한 연구는 다음에서 찾을 수 있다. "Calculus in a Movie Theater," *UMAP Journal* 14(2) 1993, p113–135, by Kevin Mitchell.

28 Boston Symphony Orchestra. *Acoustics.* URL http://www.bso.org/brands/bso/about-us/historyarchives/acoustics.aspx.

29 "Distance Measures in Cosmology," by David W. Hogg, available at the Cornell University Library online archive: arXiv:astro-ph/9905116.

30 "Look Back Time, the Age of the Universe, and the Case for a Positive Cosmological Constant," by Kevin Krisciunas available at Cornell University Library online archive: arXiv:astro-ph/9306002v1.

31 NASA. *WMAP—Age of the Universe.* URL http://map.gsfc.nasa.gov/universe/uni_age.html.

찾아 보기